郑光复建筑作品选

Zheng Guangfu Architecture Selected Works

郑光复　著
马光蓓　汇编

东南大学出版社
南　京

简　历
Besume

一、任职
东南大学建筑学院教授，国家一级注册建筑师，高级建筑师。

二、简历
1933 年 5 月生于重庆市北碚。

1952—1956 年，南京工学院（原中央大学、现东南大学）建筑系本科毕业，1956 年留校任教。

1956—1995 年，南京工学院（现东南大学）建筑系任教，历任助教、讲师、副教授、教授、国家一级注册建筑师、高级建筑师。

1958 年 2 月—1959 年 10 月，参与北京"十大国庆工程"建筑设计及施工。

1982—1985 年，武汉华中工学院（现华中科技大学）建筑系任教（兼职）。

1985 年，英国诺丁汉大学建筑与城市规划学院访问学者、讲学。

1993—1996 年，南京三江学院建筑系系主任（兼职）。

三、获奖
1959 年获江苏省劳动模范。

1963 年古巴吉隆滩胜利纪念碑国际建筑设计竞赛获佳奖。

1980 年全国中小型剧场建筑设计竞赛获佳作奖。

1984 年日本国硝子"玻璃塔"国际建筑设计竞赛获奖（日本新建筑杂志发表）。

1985 年南斯拉夫"森林之家"国际建筑设计竞赛获奖，主办方出版专辑永久收藏。

1985 年江西共青城宾馆建筑设计竞赛获最优奖。

1987 年山东大学科技楼建筑设计竞赛获奖。

1988 年论文"历史文化名城及风景区的名胜现代化"，获中国建筑学会创作学术委员会优秀论文奖。

1989 年镇江市工人文化宫建筑设计，获江苏省设计竞赛一等奖。

2008 年浙江长兴大唐贡茶院建筑群，获中国民族建筑研究会设计金奖。

四、主要学术专业资质
中国建筑师协会会员。

中国建筑学会理论与创作学术委员会委员。

中国民族建筑研究会委员。

中国民居建筑学术研究会会员。

江苏省园林学会委员。

《华中建筑》杂志编委，《新建筑》杂志创刊编委。

东南大学建筑设计院深圳分院顾问总建筑师。

山东省建筑设计研究院顾问总建筑师。

五、代表性建筑工程
1958 年 2 月—1959 年 10 月，参与"北京十大国庆工程"中的人民大会堂、中国革命和历史博物馆、国家大剧院建筑设计，以及北京火车站的建筑设计与施工。

1959—1960 年代，参与南京长江大桥桥头堡、桥头区规划设计。

1950—1970 年代，参与南京雨花台烈士陵园规划与建筑方案设计及部分项目施工。

1980 年代，主持山东大学科技楼建筑设计。

1980 年代，主持南京曙光国际大厦建筑设计。

1984 年，主持中国人民银行扬州分行建筑设计。

1988 年，主持南京宝庆银楼建筑设计。

1989 年，主持江苏省镇江工人文化宫建筑设计。

2005 年，主持浙江省长兴大唐贡茶院建筑设计。

2007 年，主持浙江省长兴陈故宫建筑设计。

六、主要著作
策划《老房子》丛书并撰写第一册《江南水乡民居》，江苏美术出版社出版。

著书《建筑的革命》，东南大学出版社出版。

撰写"建筑是美学的误区"等 70 多篇建筑理论和建筑艺术等方面的论文，发表在多种学术期刊及报纸上。

序 一
Foreword I

当我于1954年回到母校并任职建筑设计助教时,在教学上与光复的一班接触较多,那时他是班上最活跃的人物。他的健谈和知识面的宽广给我的印象至为深刻,他可说是仪表堂堂、精力充沛,能讲、能写、能画,脑活、手勤。

1956年他毕业以后与我同在建筑设计教研组。每当有设计任务或设计竞赛时,他总是不辞辛劳,全身心地投入。他出方案之多与出图之快为大家所熟知。他的众多的方案和宽广的思路有如一针兴奋剂,可促进大家的积极性和多方案的产生。

他有深厚的文学修养,诗词歌赋无所不能,经常能活跃全班全系的学术气氛和生活情趣。

据我所知,他的设计方案和图纸远不止此书所载,但愿今后他的设计与图纸有多集面世。

他的辞世,对我们学科来说不能不是一大损失,在此,我们只有表示沉痛的哀悼。

中国工程院院士
东南大学建筑学院教授

序 二
Foreword Ⅱ

《郑光复建筑作品选》在他的夫人马光蓓女士历经数年的努力下出版了。一位一生执着于建筑的学者、建筑师的创作生涯，终于有了一个较完整的记录，这是对光复的一种纪念，而对于他的亲人、朋友以及所有熟悉他的人来说，也是一种慰藉。念及此，我的心情是沉重的，也是喜悦的。

我和光复同在1952年考入南京工学院（原中央大学，现东南大学）建筑系。虽然他只大我两岁，但在各方面他都显得很成熟——特别是在学习上。相对包括我在内的大部分在入学前对建筑毫无了解的同学而言，光复很快地以他扎实的学习态度和融通的学习方法成为我们班上在设计上最突出的几位同学之一。记得一年级有一个课程设计是"公园石级"，我在画完渲染图的铅笔稿后，就到光复的座位上去看看，这一看我就怔住了。因为我们做的方案都有一个平面为弧形的平台，平台边上也都采用了传统形式的望柱和栏杆，但他的望柱和栏杆完全是根据我们刚刚学到的投影几何的方法画出来的，弧形栏杆十分准确真实，而我画的望柱则除了间距不同外，看到的都是正立面；再看他画的细部，如螭首、水池、墙面分格等都画得十分到位，虽然只是一张铅笔稿，但画面显得非常细致充实，和我那错误、简陋的铅笔稿相比，差距十分明显。当时嘴上不说，心里真是服了。他不仅基本功扎实，而且学习思路也很开阔。四年级上学期有一个课程设计体育馆，他采用了当时为了节约钢材水泥推广的砖薄壳结构，除了规定的图纸外，他还画了砖薄壳的构造图并作了说明，这使我又一次感觉到他在学习上的独到之处：他重视课外学习，关注设计思想和工程技术的进展，比起我们大多数只是按照老师要求做设计的同学来说真是不可同日而语了。从选集中看到了保存五十多年的这些课程设计图纸，回忆当年同窗共读的青春岁月，回忆他在学习上对我的帮助，真是感慨万千。

大学毕业后，光复以优异的成绩留校任教。那时，我们虽然较少见面，但我仍然可在多次的国内、国际设计竞赛中看到他的身影。20世纪五六十年代，他参加过国家大剧院、南京长江大桥桥头堡及桥头区公园、北京火车站以及古巴吉隆滩胜利纪念碑国际设计竞赛等方案设计。国家大剧院虽然最后未能实施，但他和老同学蔡镇钰合作的设计方案，包括他手绘的效果图，之后曾多次被各种书刊引用介绍，这个方案在当时所表现出来的设计思想相当超前。特别是他设计、手绘的古巴吉隆滩胜利纪念碑国际设计竞赛方案，其造型几乎和五十年后的今天我们所看到的最"前卫"的非线性主义在理念上具有惊人的一致。这些方案，以及我们在选集中看到的其他方案，洋溢着光复的创作激情，也体现了他创作中不受陈规束缚，勇于开拓创新的精神，而这正是一名优秀建筑师所需要具备的特质。

改革开放以后，光复在全国各地做过多个项目的设计，不少项目在设计上都很有自己的特色。特别是他最后设计建成的浙江长兴大唐贡茶院建筑群，是一组完成度很高的仿唐建筑，既有"唐风"，又有自己的创造，设计不受法式的束缚，造型灵动，比例优美，可说是"于法度中见自由"、"于细微处见精神"了。光复这件"最后的作品"充分显示了他在建筑创作上的才华和实力，建成后获得好评，并于2008年获中国民族建筑研究会设计金奖。

从选集中我们看到，光复一生中做过很多项目的设计，但很少有人知道，这些设计是在很少设计费、甚至没有设计费的情况下做出的；尽管如此，他仍然以极大的热情在不停地思考，不停地创作，而且，不应忽略的是不少作品是在他患有重症的最后十年完成的。这样做的精神支撑是什么？我想，尽管他这一生走得并不顺遂，但他却是一直以他一颗热爱建筑、热爱祖国文化的赤子之心，为中国现代建筑的发展而建言、而创作，这是十分难能可贵的，这种精神特别值得我们学习。

一位可亲可敬的老同学、老朋友走了，一位充满激情、才华横溢的建筑师走了，而这本选集将使他能够长久地留在人们心中。

是为序。

中国工程院院士
东南大学建筑设计与理论研究中心教授
2013.03.21 于杭州

序 三
Foreword Ⅲ

　　我们五兄妹，光复最大，我们都叫他大哥，我排行老二。回想这一生，我受大哥影响最大，我们之间的感情也最好！他的突然离世使我最心痛，最悲伤！想到这儿，我的泪止不住夺眶而出！

　　我们兄弟俩都学建筑（我们的子女中也多人学建筑），这与我们的父母有关。小时候大哥很喜欢看书，家里订了很多杂志，还有大量藏书，我印象深的有美国《LIFE》杂志和一些小别墅建筑书。大哥放学后手里总拿本课外书，母亲很喜欢他手不释卷，鼓励他多读书。中学毕业时，他想考文学系，他画画也很好，想当画家，但父母都反对这些专业。他们主张学一个实在的本事，所以大哥选择了建筑专业。1952年他顺利地考入南京工学院建筑系，1953年我要考大学时，大哥写信给我，他说："我已经是杨廷宝先生的学生了，你去当梁思成先生的学生吧！"于是我考入了清华。在我学习和工作中，经常得到大哥的教导和帮助。1956年，他邀我来南京，首先带我拜会杨廷宝先生，观赏了杨先生的水彩画，参观了系馆，并陪我骑着自行车游览了中山陵、玄武湖等众多名胜古迹和城市建筑。我们不仅参观游览，大哥还热情地给我讲解，不仅讲，还动手画……使我获益匪浅。

　　1958年全国"大跃进"，北京要建"十大国庆工程"，年青的建筑系教师郑光复，积极投身到这些工程的设计中，他设计的人民大会堂方案曾发表在《建筑学报》上。他还带了一组学生到北京工业建筑设计院参加北京火车站的设计和建设工作。有一次，他带我到北京火车站工地参观，详细地介绍了建筑设计过程，以及他的想法，等等。那年，我们全家都投身到"大跃进"的建设中，除了他在设计北京火车站，我跟随清华建筑系师生，到徐水县建设毛主席视察过的中国第一个人民公社——大寺各庄，建设共产主义新农村外，父亲（郑璧成）则作为中国佛教协会北京西山佛牙塔建塔委员会秘书长，忙碌于建造佛牙塔的工地上。突然，有一天（1958年12月25日）我家发生了煤气中毒，我立即返回北京，父亲逝世了，遗体已由中国佛教协会送到了八宝山，大哥因伤由南京工学院实习队送到了医院，家里只有读小学的光召弟弟，我怀着悲痛的心情拥抱着他。三天后，中国佛教协会在北京广济寺为父亲举行了盛大的法会，会后，赵朴初等接见了我们三兄弟，他称赞了父亲全心为佛的贡献。在悲痛中我们料理完父亲的后事，大哥又立即投身到北京火车站的建设中，我也马上返回徐水工地。后来大哥告诉我，他在北京火车站工地上见到了前来视察的毛主席，受到了极大的鼓舞！

1966年"文化大革命"期间，我带弟弟奔赴南京大哥处。大哥正忙于南京一些重点工程设计，如南京长江大桥桥头堡及桥头区公园、南京火车站等等。在挥汗如雨的南京盛夏，我们三兄弟分工合作，大哥是主要设计人，我帮他做广场、桥头区公园等的规划设计，弟弟（清华附中高三学生）帮我们涂颜色（他也喜欢画画，若不是"文革"，他也许学建筑了）。我们经常挑灯夜战到黎明……那情、那景令我终生难忘！

由于我们专业相同，所以在工作上常常会有交流或合作，如我在做泰山规划时，大哥为泰山设计了一些建筑，我们规划还未完成，他的建筑就已落成了。有一次，厦门召开了鼓浪屿规划建设研讨会，我和大哥都应邀出席。我应邀去浙江长兴县做规划，大哥也为长兴县设计了不少建筑，当地同志曾陪我参观大哥设计的大唐贡茶院。后来我见到他，还提了一些意见和建议，他是那样谦虚和诚恳地接受了我的意见，真没想到这竟成了他最后的杰作！他逝世后不久，长兴县打电话给我，征询我对大哥设计的陈故宫围墙颜色的意见（他们说设计图上未注明），经研究，我建议为白色（不知最后施工是什么颜色），可惜我还未参观过大哥的这个作品。

光复大哥不仅是一位热情奔放、多才多艺的建筑师（他一生获奖众多），还是一位知识渊博、幽默风趣、敢说敢为的建筑理论家，更重要的是一位满怀激情、认真负责、诲人不倦的优秀教师。他不辞辛劳、呕心沥血地完成多本专著和70多篇学术论文。他不仅出色地完成了本校（东南大学）的教学工作，还为武汉华中工学院（现华中科技大学）、南京三江学院等兄弟院校的建筑教育作出了自己的贡献。他热爱建筑事业，为此奉献了毕生心血。他培养了众多学生，我想这些学生对他们老师的怀念，就是对他最大的安慰了！

这本书的出版我要感谢东南大学建筑学院的领导和有关同志们，更要感谢大嫂马光蓓女士（同济大学建筑系毕业）为这本书付出的心血！我想大哥在天之灵也会得到安慰！

亲爱的大哥，你永远活在我心里！

郑光中

清华大学建筑学院教授
清华大学前城市规划系系主任
2013.03.23 夜 于清华园

目 录
Contents

绘画艺术作品选　Painting Works of Art ········· 001

颐和园景观彩画设计　A Decorative Painting Design of the Summer Palace ········· 002

法国巴黎广场　Plaza in Paris, France ········· 003

意大利佛罗伦萨小巷　Alley in Florence, Italy ········· 004

意大利威尼斯圣马克广场1　Piazza San Marco in Venice 1, Italy ········· 005

意大利威尼斯圣马克广场2　Piazza San Marco in Venice 2, Italy ········· 006

意大利威尼斯圣马克广场3　Piazza San Marco in Venice 3, Italy ········· 007

意大利威尼斯圣马克广场海滨之景　Piazza San Marco in Venice Waterfront Scenes, Italy ········· 008

意大利威尼斯圣马克广场广场内景　Piazza San Marco in Venice inside the Plaza, Italy ········· 010

伊朗伊斯发罕皇家清真寺　Isfahan Royal Mosque, Iran ········· 012

欧洲城堡　Castle in Europe ········· 014

印度泰姬玛哈尔陵　Taj Mahal Mausoleum, India ········· 016

印度清真寺　Mosque in India ········· 018

亚述神庙　Assyria Temple ········· 020

机房　Machine Room ········· 022

乡野秋色　Countryside Autumn ········· 023

水闸　Sluice ········· 024

火车站　Train Station ········· 025

欧洲海滨小港　European Seaside Small Port ········· 026

英伦小镇　England Town ········· 027

庐山香峰青玉峡　Xiang Peak Qingyu Gorge at Lu Mountain ········· 028

庐山双剑峰　Two Swords Peak at Lu Mountain ········· 029

漓江游　Li River Tour ········· 030

桂林象鼻山　Elephant Trunk Hill in Guilin ········· 031

桂林叠彩山俯瞰漓江　Diecai Hill overlook Li River in Guilin ········· 032

庐山吴楼后谷望平原及鄱阳湖　Lu Mountain, Wulou Back-Valley View Plain & Poyang Lake ········· 034

庐山之巅　Lu Mountain Peak ········· 036

庐山望江亭　Lu Mountain Wangjiang Pavilion ········· 037

庐山白鹿洞　Lu Mountain Bailudong ········· 038

庐山石屋小筑　Lu Mountain Stone House Villas ········· 039

庐山劲松　Lu Mountain Pine Tree ········· 040

庐山松涛	Lu Mountain Pine Tree	040
林中	Forest	041
庐山风景	Lu Mountain Landscape	042
庐山悬瀑——疑是银河落九天	Lu Mountain Waterfall–Suspected Galaxy from Heaven	043
林中瀑布	Waterfall in a Forest	044
庐山碧潭	Lu Mountain Clear–Green Pond	045
清晨的雾迷	Early Morning Mist	046
午间的光亮	Noon Light	047
庐山幽径	Lu Mountain Quiet Trails	048
庐山山径	Lu Mountain Trails	049
庐山双剑峰	Lu Mountain Two Swords Peak	050
庐山石桥小溪	Lu Mountain Stonebridge Creek	051
庐山清溪	Lu Mountain Creek	052
长江江心洲山寺	Yangtze River Alluvion Temple	053
园林雪景	Garden Snow	054
江南园林雪景	Jiangnan Garden Snow	055
园林水榭	Garden Waterfront Pavilion	056
水榭清溪	Waterfront Pavilion and Creek	057
江南水乡	Jiangnan Waterside Towns	058
中国园林建筑	Buildings in a Chinese Garden	059
南京江南贡院	Jiangnan Royal Examination Complex in Nanjing	060

建筑设计和表现效果图　Architectural Design & Rendering　061

体育馆设计 1	Stadium Design 1	062
体育馆设计 2	Stadium Design 2	063
社区中心设计总平面	Community Center Design Site Plan	064
社区中心设计平面	Community Center Design Plans	064
社区中心设计鸟瞰	Community Center Design Bird's Eye View	065
北京火车站设计	The Beijing Train Station Design	066
中国古典园林设计	Architectural Design for Chinese Garden	069
古巴吉隆滩胜利纪念碑国际设计竞赛方案 Cuba,The Giron Beach Victory Monument International Design Competition		070
南京长江大桥桥头区规划总图	Nanjing Yangtze River Bridge, Bridge District Master Plan	072
南京玄武湖樱洲长廊方案	Nanjing Xuanwu Lake Yingzhou Gallery Design	074

南京玄武湖菱洲食堂方案　Nanjing Xuanwu Lake Lingzhou Cafeteria Design	075
南京玄武湖环洲月季园花架方案　Nanjing Xuanwu Lake Huanzhou Rose Garden Flower Stand Design	076
南京火车站广场改建方案　Nanjing Train Station Square Transformation Design	078
南京火车站改建方案　Nanjing Train Station Rebuilding Design	079
火车站设计教材　Train Station Design Teaching Material	080
火车站设计透视图　Train Station Design Perspective Drawing	081
南京雨花台烈士陵园大门 1　Nanjing Yuhuatai Martyrs Cemetery Gate 1	082
南京雨花台烈士陵园大门 2　Nanjing Yuhuatai Martyrs Cemetery Gate 2	084
南京雨花台烈士陵园园区主入口大门 1　Nanjing Yuhuatai Martyrs Cemetery Main Entrance Gate 1	086
南京雨花台烈士陵园园区主入口大门 2　Nanjing Yuhuatai Martyrs Cemetery Main Entrance Gate 2	087
南京雨花台烈士陵园北大门 1　Nanjing Yuhuatai Martyrs Cemetery North Gate 1	088
南京雨花台烈士陵园北大门 2　Nanjing Yuhuatai Martyrs Cemetery North Gate 2	089
南京雨花台烈士陵园南轴线鸟瞰 1　Nanjing Yuhuatai Martyrs Cemetery–Bird's Eye View of South Axis 1	090
南京雨花台烈士陵园南轴线鸟瞰 2　Nanjing Yuhuatai Martyrs Cemetery–Bird's Eye View of South Axis 2	091
南京雨花台烈士陵园纪念馆设计 1　Nanjing Yuhuatai Martyrs Cemetery Memorial Design 1	092
南京雨花台烈士陵园纪念馆设计 2　Nanjing Yuhuatai Martyrs Cemetery Memorial Design 2	094
南京雨花台烈士陵园纪念馆设计 3　Nanjing Yuhuatai Martyrs Cemetery Memorial Design 3	096
南京雨花台烈士陵园纪念馆设计 4　Nanjing Yuhuatai Martyrs Cemetery Memorial Design 4	097
南京雨花台烈士陵园纪念馆设计 5　Nanjing Yuhuatai Martyrs Cemetery Memorial Design 5	098
南京雨花台烈士陵园纪念馆设计 6　Nanjing Yuhuatai Martyrs Cemetery Memorial Design 6	099
南京雨花台烈士陵园"二泉"茶室 1　Nanjing Yuhuatai Martyrs Cemetery Two-Spring Teahouse 1	100
南京雨花台烈士陵园"二泉"茶室 2　Nanjing Yuhuatai Martyrs Cemetery Two-Spring Teahouse 2	102
南京雨花台烈士陵园"二泉"茶室 3　Nanjing Yuhuatai Martyrs Cemetery Two-Spring Teahouse 3	103
南京雨花台烈士陵园"二泉"茶室 4　Nanjing Yuhuatai Martyrs Cemetery Two-Spring Teahouse 4	104
南京雨花台烈士陵园"二泉"茶室 5　Nanjing Yuhuatai Martyrs Cemetery Two-Spring Teahouse 5	104
南京雨花台烈士陵园"二泉"茶室 6　Nanjing Yuhuatai Martyrs Cemetery Two-Spring Teahouse 6	105
南京雨花台烈士陵园"二泉"茶室 7　Nanjing Yuhuatai Martyrs Cemetery Two-Spring Teahouse 7	106
南京中山植物园药物园接待厅　Nanjing Zhongshan Botanical Garden Herb Garden Reception Hall	107
南京中山植物园药物园之陈列及接待厅 Nanjing Zhongshan Botanical Garden Herb Garden Nursery Exhibition & Reception Hall	108
南京中山植物园苗圃之陈列及接待厅　Nanjing Zhongshan Botanical Garden Exhibition & Reception Hall	109
吴县洞庭山庄　Wuxian Dongting Villa	110
南京梅花山园林茶室　Nanjing Plum-Flower Hill Garden Teahouse	111

浙江新安江礼堂　Zhejiang Xin'anjiang Auditorium	112
室内设计　Interior Design	113
江苏省展览馆 1　Jiangsu Provincial Exhibition Hall 1	114
江苏省展览馆 2　Jiangsu Provincial Exhibition Hall 2	115
庐山莲花涧铁佛寺听泉山庄　Lu Mountain Lotus Stream Tiefo Temple Tingquan Villa	116
江西共青城宾馆　Jiangxi Gongqingcheng Hotel	117
山东泰山园林荣光阁　Shandong Tai Mountain Garden-Glory Pavilion	118
日本硝子建筑国际设计竞赛　Japan Glass Building International Design Competition	119
四川太白故居清水园　Sichuan Taibai Former House-Qingshuiyuan Garden	120
四川剑阁剑门关　Sichuan Jiange Jianmen Pass	122
四川剑阁古蜀道公园　Sichuan Jiange Ancient Shudao Park	123
四川绵阳临园大厦　Sichuan Mianyang Linyuan Building	124
某政府办公大楼　Government Office Building	125
南京曙光国际大厦 1　Nanjing Shuguang International Building 1	126
南京曙光国际大厦 2　Nanjing Shuguang International Building 2	127
山东大学科技楼 1　Shandong University Technology Building 1	128
山东大学科技楼 2　Shandong University Technology Building 2	129
镇江工人文化宫　Zhenjiang Workers Cultural Palace	130
南京艺术学院中专部　Medium College of Nanjing University of the Arts	131
海南三亚度假村　Hainan Sanya Resort	132
南京珍珠饭店　Nanjing Pearl Hotel	133
某商业中心室内设计　Business Center Interior Design	134
南京宝庆银楼　Nanjing Baoqing Jewelry Store Design	135
中国人民银行扬州分行新厦　The People's Bank of China, Yangzhou Branch Building	136
珠海人民西路综合楼　Zhuhai,West People Road Building	137
南京鸿运大厦　Nanjing Fortune Building	138
南京同仁大厦　Nanjing Tongren Building	139
中山大学近代中国研究中心永芳堂 1　Zhongshan University Modern China Research Center-Yongfangtang 1	140
中山大学近代中国研究中心永芳堂 2　Zhongshan University Modern China Research Center-Yongfangtang 2	141
设计与绘图 1　Design and Rendering 1	142
设计与绘图 2　Design and Rendering 2	143
《老房子》丛书　Old House	144
《建筑的革命》　Architectural Revolution	144

江苏武进煤矿机器配件厂招待所别墅　　Jiangsu Wujin Mine Machine Parts Factory-Guest House Villa	145
昆明海埂风景区高级别墅1　　Kunming Haigeng Scenic High-end Villa 1	146
昆明海埂风景区高级别墅2　　Kunming Haigeng Scenic High-end Villa 2	147
中国银行潍坊支行　　Bank of China Weifang Branch	148
南京兴鸣大厦　　Nanjing Xingming Building	149
上海宝山银都宾馆接待厅　　Shanghai Baoshan Yindu Hotel Reception Hall	150
上海宝山银都宾馆大堂　　Shanghai Baoshan Yindu Hotel Lobby	151
上海宝山银都宾馆宴会厅　　Shanghai Baoshan Yindu Hotel Banquet Hall	152
上海宝山银都宾馆中心大厅　　Shanghai Baoshan Yindu Hotel Center Hall	153
伊斯兰大厦室内设计——大堂　　Islamic Building Interior Design-Lobby	154
伊斯兰大厦室内设计——中餐厅　　Islamic Building Interior Design-Chinese Restaurant	155
上海宝山银都宾馆咖啡厅，多功能厅　　Shanghai Baoshan Yindu Hotel Cafe & Multi-function Hall	156
南京三江学院总平面　　Nanjing Sanjiang University Master Plan	157
南京紫金山天文台"家炳山庄"　　Nanjing Zijin Mountain Observatory-Jiabing Villa	158
福州青云山鸿雁山庄　　Fuzhou Qingyunshan Swan Villa	159
南京天安大厦　　Nanjing Tian'an Building	160
山东泰山园林观景亭　　Shandong Tai Mountain Landscape Viewing Pavilion	161
山东泰山园林鹂鸣青云　　Shandong Tai Mountain Landscape Oriole Crow Blue Sky	162
山东泰山园林霜叶胜花　　Shandong Tai Mountain Landscape Frost Leaves Better Flower	163
山东泰山园林芳花雨1　　Shandong Tai Mountain Landscape Fanghuayu Pavilion 1	164
山东泰山园林芳花雨2　　Shandong Tai Mountain Landscape Fanghuayu Pavilion 2	165
山东泰安市政府大厦　　Shandong Tai'an City Hall Building	166
广州中岱国际大酒店　　Guangzhou Zhongdai International Hotel	167
广州中岱国际品牌中心1　　Guangzhou Zhongdai International Brand Center 1	168
广州中岱国际品牌中心2　　Guangzhou Zhongdai International Brand Center 2	169
广州中岱国际商务中心鸟瞰 Guangzhou Zhongdai International Business Center-Bird's Eye View	170
龙胜县城桑江北区设计　　Longsheng County Sangjiang North Area Design	171
龙胜县城桑江北区详规　　Longsheng County Sangjiang North Area Detailed Planning	172
广西龙胜白龙桥南头花园式商住楼方案 Guangxi,Longsheng Bailong Bridge South Garden-style Commercial & Residential Design	174
广西阳朔梦兰沁（吉米咖啡）　　Guangxi,Yangshuo Menglanqin Cafe	175
广西阳朔李莎旅馆1　　Guangxi, Yangshuo Lisha Hotel 1	176

中文	English	页码
广西阳朔李莎旅馆2	Guangxi, Yangshuo Lisha Hotel 2	176
泰山桃花峪桃花山庄	Tai Mountain Taohuayu Peach Villa	178
泰山桃花峪桃花山庄山门1	Tai Mountain Taohuayu Peach Villa Entrance Gate 1	179
泰山桃花峪桃花山庄山门2	Tai Mountain Taohuayu Peach Villa Entrance Gate 2	180
南京雨花台烈士陵园新花房1	Nanjing Yuhuatai Martyrs Cemetery New Green House 1	181
南京雨花台烈士陵园新花房2	Nanjing Yuhuatai Martyrs Cemetery New Green House 2	182
南京雨花台烈士陵园新花房3	Nanjing Yuhuatai Martyrs Cemetery New Green House 3	183
南京雨花台烈士陵园莲花亭	Nanjing Yuhuatai Martyrs Cemetery Lotus Pavilion	184
浙江长兴大唐贡茶院鸟瞰	Zhejiang,Changxing Tang Dynasty Royal Tea Garden-Bird's Eye View	185
浙江长兴大唐贡茶院吉祥寺大殿1	Zhejiang,Changxing Tang Dynasty Royal Tea Garden-Jixiang Temple Hall 1	186
浙江长兴大唐贡茶院吉祥寺大殿立面图	Zhejiang,Changxing Tang Dynasty Royal Tea Garden-Jixiang Temple Elevation	188
浙江长兴大唐贡茶院吉祥寺大殿平面图	Zhejiang,Changxing Tang Dynasty Royal Tea Garden-Jixiang Temple Hall Plan	189
浙江长兴大唐贡茶院吉祥寺节点详图	Zhejiang,Changxing Tang Dynasty Royal Tea Garden-Jixiang Temple Detail	191
浙江长兴大唐贡茶院吉祥寺大殿2	Zhejiang,Changxing Tang Dynasty Royal Tea Garden-Jixiang Temple Hall 2	192
浙江长兴大唐贡茶院吉祥寺侧廊	Zhejiang,Changxing Tang Dynasty Royal Tea Garden-Jixiang Temple Aisle	193
浙江长兴大唐贡茶院陆羽阁1	Zhejiang,Changxing Tang Dynasty Royal Tea Garden-Luyu Pavilion 1	194
浙江长兴大唐贡茶院陆羽阁2	Zhejiang,Changxing Tang Dynasty Royal Tea Garden-Luyu Pavilion 2	196
浙江长兴大唐贡茶院陆羽阁3	Zhejiang,Changxing Tang Dynasty Royal Tea Garden-Luyu Pavilion 3	197
浙江长兴大唐贡茶院作坊茶宴厅、诗茶楼	Zhejiang,Changxing Tang Dynasty Royal Tea Garden-Workshop, Tea-Party Hall, Poetry Tea	198
浙江长兴大唐贡茶院三期	Zhejiang,Changxing Tang Dynasty Royal Tea Garden-Phase Ⅲ	199
浙江长兴大唐贡茶院原始野茶林谷口纪念亭	Zhejiang,Changxing Tang Dynasty Royal Tea Garden-The Original Wild Tea Forest Memorial Pavilion	200
浙江长兴大唐贡茶院金沙泉纪念亭	Zhejiang,Changxing Tang Dynasty Royal Tea Garden-The Jinsha Spring Memorial Pavilion	201
浙江长兴大唐贡茶院野茶轩	Zhejiang,Changxing Tang Dynasty Royal Tea Garden-Yechaxuan Pavilion	202
浙江长兴大唐贡茶院清风阁	Zhejiang,Changxing Tang Dynasty Royal Tea Garden-Qingfengge Pavilion	203
浙江长兴顾渚峰顶见远楼1	Zhejiang,Changxing Guzhu Peak-Jianyuan Pavilion 1	204
浙江长兴顾渚峰顶见远楼2	Zhejiang,Changxing Guzhu Peak-Jianyuan Pavilion 2	205

浙江长兴大唐贡茶院田园式小型住宅
Zhejiang,Changxing Tang Dynasty Royal Tea Garden-Pastoral Small Housing ········ 206

浙江长兴陈故宫重建方案鸟瞰图　　Zhejiang,Changxing Chen Dynasty Palace Rebuilding Design-Bird's Eye View ········ 207

浙江长兴陈故宫重建方案山门　　Zhejiang,Changxing Chen Dynasty Palace Rebuilding Design-Gate ········ 208

浙江长兴陈故宫天居寺塔1　　Zhejiang,Changxing Chen Dynasty Palace-Tianju Temple Pagoda 1 ········ 209

浙江长兴陈故宫天居寺塔2　　Zhejiang,Changxing Chen Dynasty Palace-Tianju Temple Pagoda 2 ········ 210

浙江长兴陈故宫天居寺殿堂　　Zhejiang,Changxing Chen Dynasty Palace-Tianju Temple Hall ········ 211

浙江长兴陈故宫天居寺塔屋角风铃构造详图
Zhejiang,Changxing Chen Dynasty Palace Tianju Temple Pagoda-Wind Chime Details ········ 212

浙江长兴陈故宫天居寺塔基座层　　Zhejiang,Changxing Chen Dynasty Palace Tianju Temple Pagoda-Base ········ 212

浙江长兴陈故宫天居寺金堂　　Zhejiang,Changxing Chen Dynasty Palace-Tianju Temple Main Hall ········ 213

浙江长兴陈故宫天居寺长廊　　Zhejiang,Changxing Chen Dynasty Palace-Tianju Temple Main Hall Gallery ········ 214

浙江长兴陈故宫天居寺角楼　　Zhejiang,Changxing Chen Dynasty Palace-Tianju Temple Main Hall Corner Kiosk ········ 215

浙江长兴陈故宫长廊　　Zhejiang,Changxing Chen Dynasty Palace-Gallery ········ 216

浙江长兴陈故宫天居寺塔　　Zhejiang,Changxing Chen Dynasty Palace-Tianju Temple Pagoda ········ 217

浙江长兴陈故宫重建方案故居大门
Zhejiang,Changxing Chen Dynasty Palace Rebuilding Design-Gate ········ 218

浙江长兴陈故宫重建方案中心厅堂　　Zhejiang,Changxing Chen Dynasty Palace Rebuilding Design-Main Hall ········ 219

浙江长兴陈故宫重建方案陈氏祠堂大门
Zhejiang,Changxing Chen Dynasty Palace Rebuilding Design-Chen Ancestral Hall Gate ········ 220

浙江长兴陈故宫重建方案故居草亭
Zhejiang,Changxing Chen Dynasty Palace Rebuilding Design-Straw Kiosk ········ 221

浙江湖州陆羽故居清塘别业方案封面　　Zhejiang,Huzhou Luyu Former House,Clear Pond Villa-Design Cover ········ 222

浙江湖州陆羽故居清塘别业方案总平面　　Zhejiang,Huzhou Luyu Former House,Clear Pond Villa-Master Plan ········ 223

浙江湖州陆羽故居清塘别业方案鸟瞰
Zhejiang,Huzhou Luyu Former House,Clear Pond Villa-Bird's Eye View ········ 224

浙江湖州陆羽故居清塘别业方案水院　　Zhejiang,Huzhou Luyu Former House,Clear Pond Villa-Water Courtyard ········ 225

浙江长兴归有光亭　　Zhejiang,Changxing Guiyouguang Pavilion ········ 226

浙江长兴吴承恩阁　　Zhejiang,Changxing Wucheng'en Pavilion ········ 227

浙江长兴石文化公园"石颂"亭　　Zhejiang,Changxing Stone Park-Stone Carol Pavilion ········ 228

浙江长兴石文化公园"石魂"亭　　Zhejiang,Changxing Stone Park-Stone Soul Pavilion ········ 229

重庆瓜棚书院 Chongqing Guapeng Book House ········ 230

后记　Postscript ········ 231

绘画艺术作品选
Painting Works of Art

水彩，水粉，速写等
Watercolor, Polychrome , Sketch

作者自幼爱好绘画、历史和诗词等文学艺术，成年后考大学选择了建筑学专业，这与其父母和所生活经历的时代背景有关。作者身为长子，家教甚严，3岁开始夜晚独居父亲书房，自此养成喜欢读书的习惯，沿袭终身。幼时作者家中常有各界文化艺术、科教人士做客、入住，国际友人也常带来原版画报，家里订了很多杂志，也购买了很多书籍，这些都给作者的童年留下了鲜活的记忆。后因战乱，作者兄弟俩赴四川雅安二舅家避难一年。二舅喜欢文学艺术，并擅长书法，常结交文人雅士。当时画家敖云峰先生入住家中，作者结缘恩师学习国画，在水墨、工笔画方面花时间较多。作者自幼耳濡目染，先后师从多位恩师学习书法、绘画、古典诗词，广泛阅读文学、历史书籍。其父亲从不给他买玩具，而是送他一套木工手工工具，鼓励并引导他自己动手制作汽车、飞机和轮船等模型，培养他多种兴趣和尊重科学的态度。

1952年作者考入南京工学院建筑系，选择了包含艺术创造和科学理性的建筑学专业。南京工学院建筑系拥有众多有很高艺术修养和深厚绘画功底的建筑设计、建筑历史、城市规划、美术的老师们，如杨廷宝先生、刘敦桢先生、童寯先生、李剑晨先生、刘光华先生等等。从大学一年级起，作者经常利用寒暑假跟随先生们或独自到外地参观调研，或记笔记、或画速写，他遵从先生们的教导学习建筑设计、画建筑，练习脑、眼、手并用。作者观察仔细，落笔准确。

1958年在北京为庆祝中华人民共和国成立十周年新建十大建筑时所作。

颐和园景观彩画设计　水彩
A Decorative Painting Design of the Summer Palace
1958—1959

法国巴黎广场 水彩
Plaza in Paris, France
1960 年代

意大利佛罗伦萨小巷　水彩
Alley in Florence, Italy
1960 年代

郑光复建筑作品选
Zheng Guangfu Architecture Selected Works

意大利威尼斯
圣马克广场 1
水彩
Piazza San Marco
in Venice 1, Italy
1960 年代

意大利威尼斯圣马克广场 2　水彩
Piazza San Marco in Venice 2, Italy
1960 年代

意大利威尼斯圣马克广场 3　水彩
Piazza San Marco in Venice 3, Italy
1960 年代

作者学习西方建筑史的同时，钻研西方水彩画绘画技法。这是西方建筑史上的经典广场和建筑组群。

意大利威尼斯圣马克广场海滨之景　水彩渲染临摹
Piazza San Marco in Venice Waterfront Scenes, Italy
1960 年代

《圣马克广场》，1730年伽纳莱托之画。

威尼斯圣马克广场，19世纪法国皇帝拿破仑曾称赞其为"欧洲最美的客厅"。

圣马克广场是由公爵府、圣马克教堂、圣马克钟楼、新旧行政官邸大楼、连接两大楼的拿破仑翼大楼、圣马克教堂的钟楼和圣马克图书馆等建筑和威尼斯大运河所围成的梯形广场。广场四周都是文艺复兴时期的精美建筑。

意大利威尼斯圣马克广场广场内景　水彩渲染临摹
Piazza San Marco in Venice inside the Plaza, Italy
1960年代

伊朗伊斯发罕皇家清真寺是中亚 17 世纪时最重要的纪念性建筑,其规模大,主要穹顶高达 54 米。这座清真寺也是伊朗中世纪建筑的最高代表,是西方建筑史上伊斯兰教清真寺的经典建筑。

伊朗伊斯发罕皇家清真寺　水彩
Isfahan Royal Mosque, Iran
1960 年代

郑光复建筑作品选
Zheng Guangfu Architecture Selected Works

欧洲城堡　水彩
Castle in Europe
1960 年代

印度泰姬玛哈尔陵是世界奇迹之一，它是西方古代建筑史上的经典建筑，展现了世界高超的建筑设计水平，体现了最佳的建筑艺术和风格。1633年泰姬玛哈尔陵开始动工兴建，共计2万多人参与了建设，1650年建成，它是宏伟、富丽堂皇的陵墓。

印度泰姬玛哈尔陵　水粉
Taj Mahal Mausoleum, India
1960年代

郑光复建筑作品选
Zheng Guangfu Architecture Selected Works

印度清真寺建筑的经典。

印度清真寺　水彩
Mosque in India
1960 年代

郑光复建筑作品选
Zheng Guangfu Architecture Selected Works

亚述神庙是西方古代建筑史上的经典建筑。

两河流域的亚述文明有着比古埃及更神秘的魅力。苏美尔文化在公元前5000年左右就有了最早的城市——埃利都，其后为洪水所毁。在苏美尔城邦经济生活中，神庙是城邦经济的中心。

亚述神庙　水彩
Assyria Temple
1960 年代

机房　水彩

Machine Room

1960 年代

乡野秋色 水彩
Countryside Autumn
1960 年代

水闸　水彩
Sluice
1960 年代

激情迸发的年代,特殊的年代。

火车站　水彩
Train Station
1960 年代

欧洲海滨小港　水彩
European Seaside Small Port
1972

英伦小镇　水彩
England Town
1972

庐山香峰青玉峡　碳笔
Xiang Peak Qingyu Gorge at Lu Mountain
1979

庐山双剑峰　碳笔
Two Swords Peak at Lu Mountain
1970 年代

漓江游　水粉
Li River Tour
1977

郑光复建筑作品选
Zheng Guangfu Architecture Selected Works

桂林象鼻山　水粉
Elephant Trunk Hill in Guilin
1977

桂林叠彩山俯瞰漓江　水粉

Diecai Hill overlook Li River in Guilin

1977

庐山吴楼后谷望平原及鄱阳湖　碳笔、水彩
Lu Mountain, Wulou Back-Valley View Plain & Poyang Lake
1970 年代

庐山之巅　碳笔，水彩
Lu Mountain Peak
1970 年代

庐山望江亭　碳笔
Lu Mountain Wangjiang Pavilion
1979

庐山白鹿洞　碳笔
Lu Mountain Bailudong
1979

郑光复建筑作品选
Zheng Guangfu Architecture Selected Works

庐山石屋小筑　碳笔
Lu Mountain Stone House Villas
1980 年代

庐山劲松　水彩
Lu Mountain Pine Tree
1980

庐山松涛　水彩
Lu Mountain Pine Tree
1980

林中　水彩
Forest
1980 年代

郑光复建筑作品选
Zheng Guangfu Architecture Selected Works

庐山风景　水彩
Lu Mountain Landscape
1980 年代

庐山悬瀑 —— 疑是银河落九天　水彩
Lu Mountain Waterfall-Suspected Galaxy from Heaven
1980 年代

林中瀑布　水彩
Waterfall in a Forest
1980 年代

庐山碧潭　水彩
Lu Mountain Clear-Green Pond
1980 年代

清晨的雾迷　水彩
Early Morning Mist
1980 年代

郑光复建筑作品选
Zheng Guangfu Architecture Selected Works

午间的光亮　水彩
Noon Light
1980 年代

庐山幽径　水彩
Lu Mountain Quiet Trails
1980 年代

郑光复建筑作品选
Zheng Guangfu Architecture Selected Works

庐山山径　水彩
Lu Mountain Trails
1980 年代

庐山双剑峰　水彩
Lu Mountain Two Swords Peak
1980 年代

庐山石桥小溪　水彩
Lu Mountain Stonebridge Creek
1980 年代

庐山清溪　水彩
Lu Mountain Creek
1980 年代

长江江心洲山寺　水彩
Yangtze River Alluvion Temple
1980 年代

园林雪景　水彩
Garden Snow
1980 年代

冬日雪中的江南，温婉多情、值得品味。

江南园林雪景　水彩
Jiangnan Garden Snow
1980 年代

郑光复建筑作品选
Zheng Guangfu Architecture Selected Works

园林水榭　水彩
Garden Waterfront Pavilion
1980 年代

水榭清溪　碳笔水彩
Waterfront Pavilion and Creek
1980 年代

江南水乡　碳笔淡彩
Jiangnan Waterside Towns
1980 年代

中国园林建筑　碳笔淡彩
Buildings in a Chinese Garden
1980 年代

南京江南贡院　水彩
Jiangnan Royal Examination Complex in Nanjing
1980 年代

建筑设计和表现效果图
Architectural Design & Rendering

  作者一生勤奋、治学严谨、勇于创新。在做建筑设计中不论任务大小，经济条件如何，从草图方案到细节设计均认真对待。他还常下工地，与工人师傅紧密配合，全心全意的投入。

  自 1956—2009 年作者结合科研和设计项目，考察途中记笔记、画速写。所有设计项目均是亲手绘制设计图、建筑表现效果图、施工构造详图。即使在电脑时代的今天，也是先做手绘设计图和构造详图（特别是仿古建筑），再用电脑复制。1958—1959 年作者参与北京十大国庆工程的设计和建设，期间曾多次到访清华大学，在二弟光中的陪同下拜望老先生们，虚心请教，广泛学习，并在几十年的教学、专业研讨会议、课题项目调研和工程实践中，多方请教其他院校及学长同辈。

  作者从事建筑历史、建筑设计、城市规划、园林建筑、室内设计、建筑绘画等教学、专题科研、工程实践，重视理论研究和实践。实践工程项目设计大者如多城市的区域规划，小到室内小品设计、仿古建筑屋檐风铃设计。本书收集了历尽岁月保留下来的部分作品。

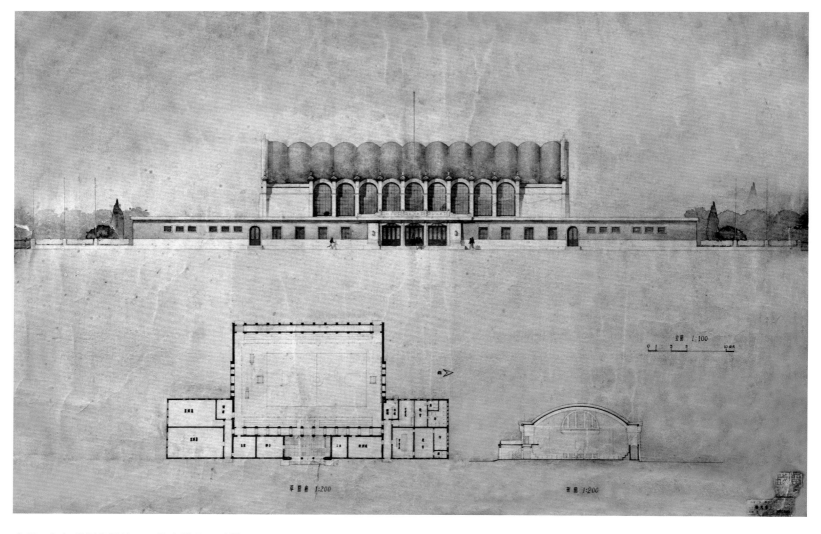

大学二年级的课程设计——体育馆的设计效果图（1954年）。

建筑学专业设计作品上"留系"两字是学生设计课程的最高评价。建筑系将最好的一两个学生设计作品保留，用于教学示范交流。

设计时采用了当时为了节约钢材水泥推广的砖薄壳结构，除了绘制规定的图纸外，他还画了砖薄壳的构造图并作了说明。

体育馆设计 1　水彩渲染
Stadium Design 1
1954

体育馆设计 2　水彩渲染
Stadium Design 2
1954

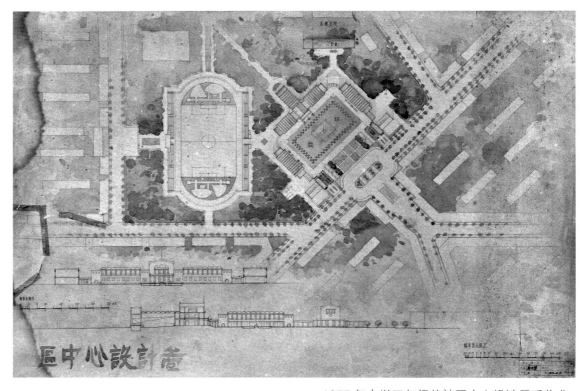

社区中心设计总平面　水彩渲染
Community Center Design Site Plan
1955

1955 年大学三年级的社区中心设计留系作业。

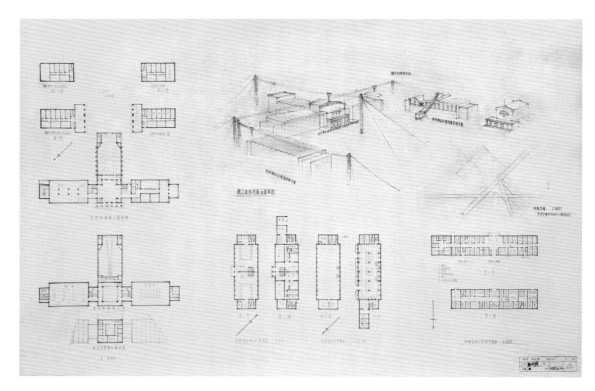

社区中心设计平面　水彩渲染
Community Center Design Plans
1955

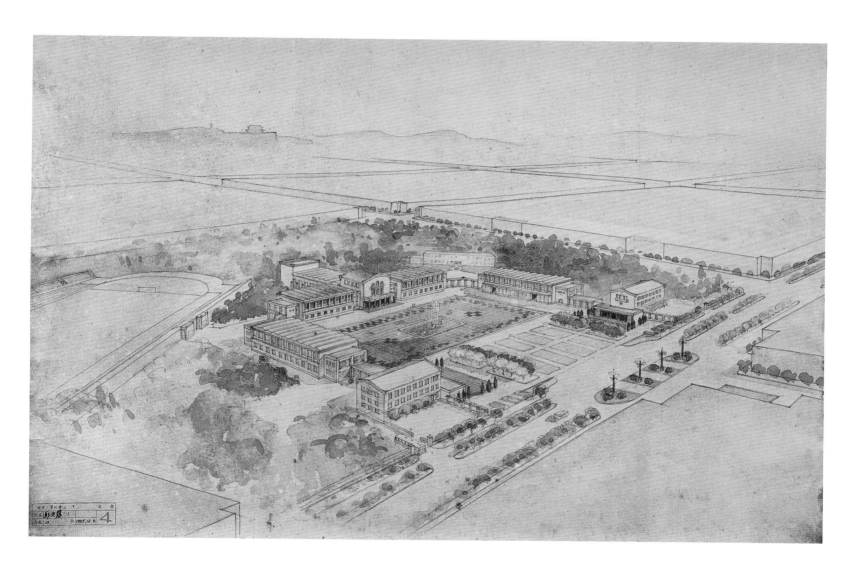

社区中心设计鸟瞰 水彩
Community Center Design Bird's Eye View
1955

1959年北京为庆祝中华人民共和国成立十周年新建十大建筑，南京工学院有幸参加，身为设计团队集体创作成员之一的作者先后与北京设计院、北京工业建筑设计院合作参与北京火车站、人民大会堂、中国革命和历史博物馆、国家大剧院的方案设计。其中和老同学蔡镇钰合作了人民大会堂及国家大剧院的方案设计，其设计方案包括手绘效果图多次被各种书刊引用介绍。

　　作者直接参与北京火车站设计和现场施工的全过程，直至竣工使用，包括与铁道部策划讨论、反复调研修改现场施工作业流线等。在设计施工图阶段，作者负责门厅彩画和钟楼、角楼及整座车站所有的琉璃构件和花饰设计制作及现场施工配合。为研制宝顶和琉璃瓦，作者亲身登上北京和承德的殿堂测绘取经，遍访文史馆、博物馆、建筑和艺术院校，调研中国古建筑，研究彩画历史、艺术风格、工艺技术、尺样图试，并到邯郸琉璃厂指导构件的研制，参予工厂制作构件及现场安装，是位注重实践经验和知识积累的建筑师。

　　《建筑学报》1959年9月的文章"北京新建车站大楼的建筑设计"对此集体创作有较详细的设计介绍，右页建筑图采自该文章。

　　2007年有篇作者回忆文章"我愿是一只鸿雁——回顾沸腾的岁月"，谈及这段经历。

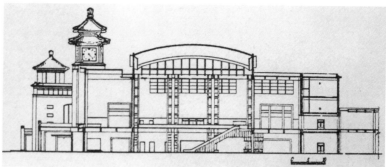

照片摄于 2012 年。

北京火车站设计
The Beijing Train Station Design
1958—1959

参与绘制北京火车站设计施工图的学生缪启珊女士撰文"回忆与郑光复老师相处的日子",摘录如下:

1958年为了庆祝1959年新中国成立十周年,北京准备兴建十座具有纪念意义的国家级建筑物,其中之一的北京火车站,国务院分配给我们学校设计,学校把这个光荣的任务交给建筑系去完成,并以国内外知名的杨廷宝教授为首,组织了强有力的设计班子,设计班子中有张致中、钟训正、郑光复和杨德安老师。(设计施工图阶段)……在毕业班中挑选十名学生参加,我有幸成为十名学生之一,……郑老师带着我参加了车站的钟楼和角楼设计组,还负责整座车站所有的琉璃构件和花饰设计,并画出全部施工图纸来。郑老师主持设计的宝顶草图方案画了不下数十张,最后……为了保证建成后的宝顶形象能和设计一样完美,就必须绘制一张4米高的宝顶"足尺大样图"!这样巨大的图纸在室内是没法绘制的……郑光复老师带着我和工人师傅们日以继夜精诚合作,一起研究讨论和操作,经历了无数次失败的试验以后,功夫不负有心人,庞大的宝顶终于按期烧制成功!

完成如此艰巨的国庆工程任务,对老砖瓦厂来说是历史性的突破,对我们师生来说则是一次实战演练,这是设计与施工完美结合、知识分子和工人师傅密切配合的范例。

作者在北京火车站设计建设期间，研究书本图样、调研测绘中国古建筑、设计绘制仿古建筑，此为当时所做的诸多中国园林建筑设计中保留的个别作品之一。

中国古典园林设计
Architectural Design for Chinese Garden
1950 年代

古巴吉隆滩胜利纪念碑国际设计竞赛方案　水彩
Cuba,The Giron Beach Victory Monument International Design Competition
1963

该方案以富有张力、简洁鲜明的几何建筑体表现胜利纪念碑。其形象突出，视觉震撼。胜利纪念碑拔地而起、高耸入云的巨型尖锐造型，像利剑、如闪电搏击长空，气势磅礴，象征胜利、纪念英雄。白色碑体凌空海滩，横剑遥指海疆，海阔天空，浩气长存。

1960 年代，作者参与了南京长江大桥桥头区规划设计、桥头堡设计、栏杆和栏板浮雕设计。正值"文化大革命"时期，清华大学建筑系的二弟光中和清华附中的小弟光召都来到南京，相聚之余，他们见大哥日夜忙碌于设计工作，也都满腔激情投入其中，在巨幅南京长江大桥桥头区规划设计图上帮助着色，光中弟还参与桥头区公园设计，小弟则精心绘制南京长江大桥栏杆和栏板浮雕方案。盛夏酷暑的南京，三兄弟挥汗如雨，同心协力完成工作，这是唯一一次三兄弟共同合作的设计绘图作品。

南京长江大桥桥头区规划总图　水彩
Nanjing Yangtze River Bridge, Bridge District Master Plan
1960 年代

南京玄武湖瀛洲长廊和菱洲食堂为游客餐饮和休闲观景的园林建筑。

自 1956 年起，作者历时多年，结合教学，设计玄武湖园林建设项目，并参与施工。

南京玄武湖樱洲长廊方案　水彩
Nanjing Xuanwu Lake Yingzhou Gallery Design
1965

南京玄武湖菱洲食堂方案　水彩
Nanjing Xuanwu Lake Lingzhou Cafeteria Design
1965

南京玄武湖环洲月季园花架照片。

南京玄武湖环洲月季园花架方案　水彩
Nanjing Xuanwu Lake Huanzhou Rose Garden Flower Stand Design
1965

南京火车站改建包括总体规划和单体建筑设计、室内设计。1980 年做代贵宾软卧候车厅扩建及室内设计。

南京火车站广场改建方案　水彩
Nanjing Train Station Square Transformation Design
1960 年代

南京火车站改建方案　水彩
Nanjing Train Station Rebuilding Design
1968

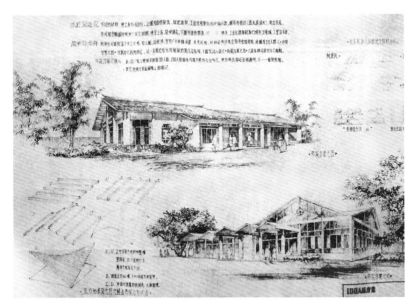
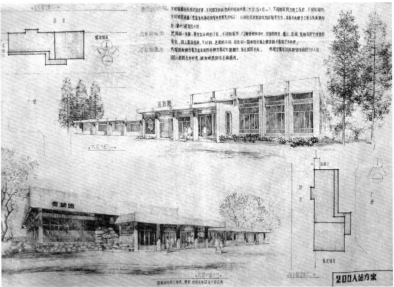

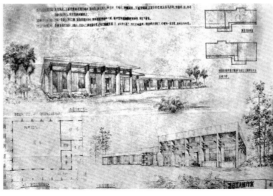

火车站设计教材 蓝图

Train Station Design Teaching Material

1965

火车站设计透视图 水粉
Train Station Design Perspective Drawing
1965

自1956年起，作者结合教学设计南京雨花台烈士陵园，并参与施工。这里选登了设计方案中的几个。如今这里已是一座以自然山林为依托，融和自然风光和人文景观为一体的全国独具特色的纪念性风景名胜区。

作者历时几十年，投入南京雨花台陵园建设项目，从陵园总体规划布局到主要单体建筑设计都做了大量调研和探索，并负责陵园中的部分建筑项目设计。

当年雨花台陵园负责人、老红军陈主任后来曾充满感情地提及：郑光复几十年呕心沥血为雨花台陵园的建设设计作贡献，从黑发青壮年一直做到头发都白了。他与陵园建设各相关机构、管理处工作人员相处几十年，也都成为老朋友。

1950—1970年代，主持南京雨花台陵园规划设计，包括总体规划方案七轮(次)及纪念馆和大门与纪念碑等多方案，并随陵园工作人员向省、市及民政部申请立项，多年后经审批完成最后一轮设计方案。

作者全程主持完成南京雨花台烈士陵园"二泉"茶室项目，自规划到建筑设计，再到施工现场，直至竣工。只是，纪念馆等主体建筑的最后设计和施工图另由他方完成。

2000—2004年南京雨花台烈士陵园新建花房与莲花亭，作者依然热情投入、精心设计并参与施工至竣工。

南京雨花台烈士陵园大门1　水彩
Nanjing Yuhuatai Martyrs Cemetery Gate 1
1966

1966.4-5. 雨花台烈士陵大门

1966.4-5. 雨花台烈士陵大门

南京雨花台烈士陵园大门 2　水彩
Nanjing Yuhuatai Martyrs Cemetery Gate 2
1966

郑光复建筑作品选
Zheng Guangfu Architecture Selected Works

雨花台烈士陵大门 1966.4-5.

南京雨花台烈士陵园园区主入口大门 1　水粉
Nanjing Yuhuatai Martyrs Cemetery Main Entrance Gate 1
1970 年代

南京雨花台烈士陵园园区主入口大门 2　碳笔
Nanjing Yuhuatai Martyrs Cemetery Main Entrance Gate 2
1970 年代

南京雨花台烈士陵园北大门 1　水粉
Nanjing Yuhuatai Martyrs Cemetery North Gate 1
1970 年代

南京雨花台烈士陵园北大门 2　水粉
Nanjing Yuhuatai Martyrs Cemetery North Gate 2
1970 年代

南京雨花台烈士陵园南轴线鸟瞰 1　水粉
Nanjing Yuhuatai Martyrs Cemetery-Bird's Eye View of South Axis 1
1970 年代

南京雨花台烈士陵园南轴线鸟瞰 2　水粉
Nanjing Yuhuatai Martyrs Cemetery-Bird's Eye View of South Axis 2
1970 年代

此图为南京雨花台陵园纪念馆设计方案原创设计的多轮设计之一。作者对主要单体建筑设计做了大量调研和探索，原图为巨幅宣纸水墨画卷。

南京雨花台烈士陵园纪念馆设计 1　水墨画
Nanjing Yuhuatai Martyrs Cemetery Memorial Design 1
1970 年代

南京雨花台烈士陵园纪念馆设计 2　彩色水墨画
Nanjing Yuhuatai Martyrs Cemetery Memorial Design 2
1970 年代

南京雨花台烈士陵园纪念馆设计 3　水粉
Nanjing Yuhuatai Martyrs Cemetery Memorial Design 3
1970 年代

南京雨花台烈士陵园纪念馆设计 4　水粉
Nanjing Yuhuatai Martyrs Cemetery Memorial Design 4
1970 年代

南京雨花台烈士陵园纪念馆设计 5　水粉
Nanjing Yuhuatai Martyrs Cemetery Memorial Design 5
1970 年代

南京雨花台烈士陵园纪念馆设计 6　水粉
Nanjing Yuhuatai Martyrs Cemetery Memorial Design 6
1970 年代

郑光复建筑作品选
Zheng Guangfu Architecture Selected Works

作者负责南京雨花台烈士陵园中的"二泉"茶室建设项目的总体规划和建筑设计及景观园林设计，并参与施工。原图为巨幅宣纸水墨画卷。"二泉"为明清金陵胜景之一，原名雨花泉，南宋爱国诗人陆游到四川任职时途经建康，登雨花台游览，汲泉沏茶，品为二泉，位列金陵名泉之首。明代赵谦为二泉题匾。

南京雨花台烈士陵园"二泉"茶室 1　水墨画
Nanjing Yuhuatai Martyrs Cemetery Two-Spring Teahouse 1
1975

南京雨花台烈士陵园"二泉"茶室 2 水粉
Nanjing Yuhuatai Martyrs Cemetery Two-Spring Teahouse 2
1970 年代

南京雨花台烈士陵园"二泉"茶室 3 水粉
Nanjing Yuhuatai Martyrs Cemetery Two-Spring Teahouse 3
1970 年代

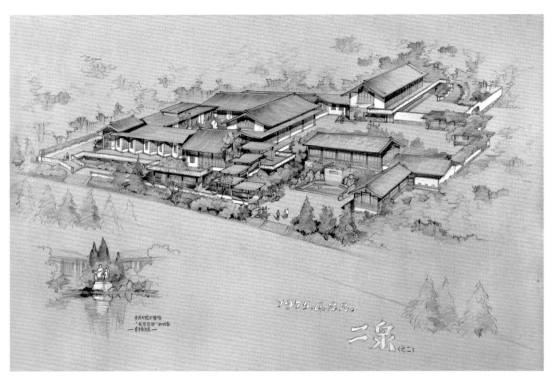

南京雨花台烈士陵园"二泉"茶室 4　碳笔水彩
Nanjing Yuhuatai Martyrs Cemetery Two-Spring Teahouse 4
1975

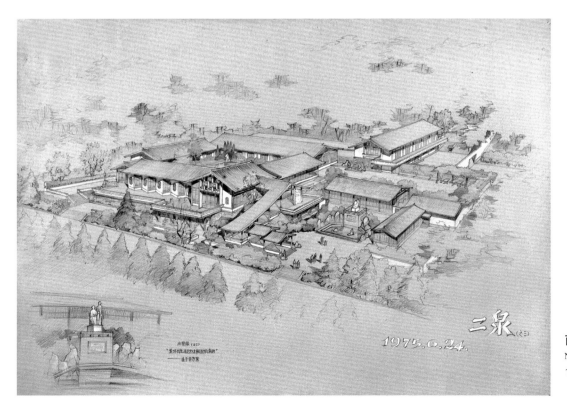

南京雨花台烈士陵园"二泉"茶室 5　碳笔水彩
Nanjing Yuhuatai Martyrs Cemetery Two-Spring Teahouse 5
1975

南京雨花台烈士陵园"二泉"茶室 6　碳笔水彩
Nanjing Yuhuatai Martyrs Cemetery Two-Spring Teahouse 6
1975

南京雨花台烈士陵园"二泉"茶室 7　碳笔画
Nanjing Yuhuatai Martyrs Cemetery Two-Spring Teahouse 7
1970 年代

1956年—1960年代，结合教学设计南京中山植物园和梅花山园林设计建设项目。

南京中山植物园药物园接待厅　碳笔水彩
Nanjing Zhongshan Botanical Garden Herb Garden Reception Hall
1956年

南京中山植物园药物园之陈列及接待厅　碳笔水彩
Nanjing Zhongshan Botanical Garden Herb Garden Nurserg Exhibition & Reception Hall
1960 年代

1956 年—1970 年代，结合教学设计南京中山植物园和梅花山园林设计建设项目。

南京中山植物园苗圃之陈列及接待厅　碳笔水彩
Nanjing Zhongshan Botanical Garden Exhibition & Reception Hall
1960 年代

吴县洞庭山庄　水彩

Wuxian Dongting Villa

1979

南京梅花山园林茶室　水墨画
Nanjing Plum-Flower Hill Garden Teahouse
1978

浙江新安江礼堂　碳笔水彩
Zhejiang Xin'anjiang Auditorium
1970 年代

室内设计 水墨画
Interior Design
1970 年代

江苏省展览馆 1　水粉
Jiangsu Provincial Exhibition Hall
1980—1982

江苏省展览馆 2　水粉
Jiangsu Provincial Exhibition Hall
1980—1982

1956—1980年代，作者参与庐山风景区规划和庐山宾馆、庐山莲花涧铁佛寺宾馆、庐山听泉山庄宾馆等多组建筑群设计，设计中表现传统民居风格，结合自然景观和利用地形，融合环境，保护植被，因地制宜，就地取材，降低造价，使建筑与自然和谐一体。

庐山莲花涧铁佛寺听泉山庄　水彩
Lu Mountain Lotus Stream Tiefo Temple Tingquan Villa
1982

江西共青城宾馆设计获最优秀奖,被选为实施方案。

江西共青城宾馆　水粉
Jiangxi Gongqingcheng Hotel
1983

泰山风景区小型详细规划与景点设计，建成三组房屋与二亭。传统民族风格的景观楼阁建筑。

山东泰山园林荣光阁　淡彩

Shandong Tai Mountain Garden-Glory Pavilion

1983

此国际设计竞赛由日本玻璃公司主办,邀请世界著名建筑师评选。此方案在高楼大厦上采用"双重外形"的新概念。用冰与火对比的形象,充分发挥玻璃的特性,即白天反射自然天光和景物、夜晚透射照明和灯火阑珊的特性,分别呈现建筑物白天和夜景的不同外形,表现迥异的戏剧化效果。

设计生动鲜明,造型独特,理念新颖,主题突出。此设计方案荣获奖章。

日本硝子建筑国际设计竞赛　水粉
Japan Glass Building International Design Competition
1984

郑光复建筑作品选
Zheng Guangfu Architecture Selected Works

四川太白故居清水园　水墨画
Sichuan Taibai Former House-Qingshuiyuan Garden
1987

1980年代，四川省政府计划区域建设和发展旅游建设。作者接受委托后花多年时间，不求经济回报，以单纯的故乡情愿为故乡作贡献。作者做了四川剑门蜀道风景区规划总体规划、景观设计和建筑设计，包括昭化古城、剑门关镇、梓潼大庙区、青莲乡等保护利用规划，及绵阳市中心综合商城、富乐山古迹园、广元皇泽寺、剑门关等方案设计。

四川剑阁剑门关
Sichuan Jiange Jianmen Pass
1984—1988

四川剑阁古蜀道公园　水彩
Sichuan Jiange Ancient Shudao Park
1984—1988

四川绵阳临园大厦　水粉
Sichuan Mianyang Linyuan Building
1988

某政府办公大楼　水粉
Government Office Building
1980 年代

历时多年众多设计方案中的实施方案。原名南京站宾馆。

南京曙光国际大厦 1　建成照片
Nanjing Shuguang International Building 1
2008

南京曙光国际大厦 2　水粉
Nanjing Shuguang International Building 2
1988

1980—1990年代全国高层建筑项目盛行，其中最具代表性的是山东大学科技楼。此项目造价低，设计布局合理，造型美观，与环境协调，合理兼顾平衡了功能、经济、环境与风格的矛盾，建成20多年来仍受好评。

山东大学科技楼1　建成照片
Shandong University Technology Building 1
1980年代

山东大学科技楼 2　水粉
Shandong University Technology Building 2
1980 年代

建成项目。

镇江工人文化宫　水粉
Zhenjiang Workers Cultural Palace
1989

建成项目。

南京艺术学院中专部　水粉
Medium College of Nanjing University of the Arts
1998

海南三亚度假村

Hainan Sanya Resort

1988

郑光复建筑作品选
Zheng Guangfu Architecture Selected Works

南京珍珠饭店　水粉
Nanjing Pearl Hotel
1991

某商业中心室内设计　水粉
Business Center Interior Design
1992

该项目是"百年老店"的老字号银楼,在老城区南京夫子庙附近的太平南路老街上,1980年代末拟扩建。作者花大量精力查找、研究史料,找到清道光年间已有记载,后又追溯至清嘉庆年间创店,使百年老店有史为据。沿街正立面采用现代梁柱仿木结构形式外加传统琉璃瓦顶,具有传统民居风格。因用地局限,店面面阔太小,设计极具挑战性。该项目已建成。

南京宝庆银楼　水粉
Nanjing Baoqing Jewelry Store Design
1991

建成项目。

中国人民银行扬州分行新厦 水粉

The People's Bank of China, Yangzhou Branch Building
1992

珠海人民西路综合楼　水粉
Zhuhai, West People Road Building
1990

南京鸿运大厦　水粉
Nanjing Fortune Building
1992

南京同仁大厦　水粉
Nanjing Tongren Building
1999

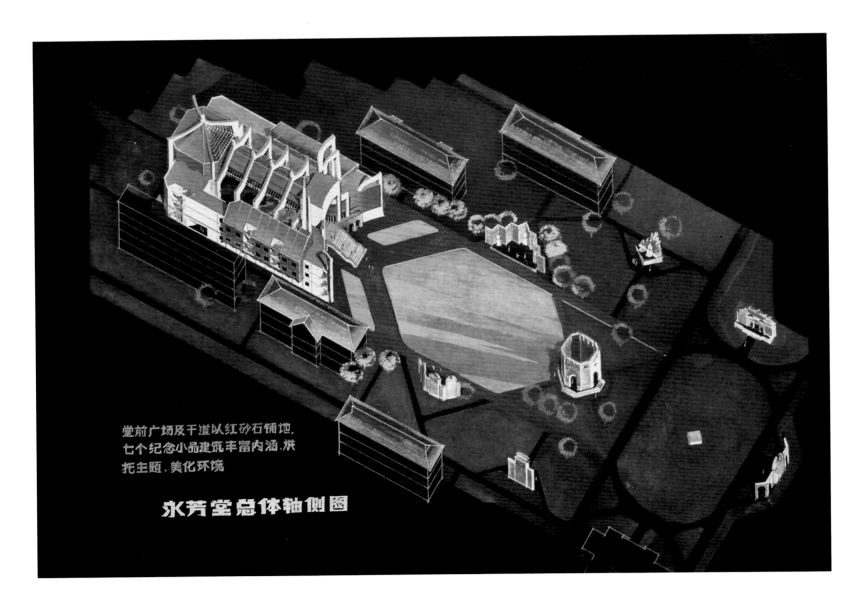

中山大学近代中国研究中心永芳堂1　水粉
Zhongshan University Modern China Research Center-Yongfangtang 1
1992

中山大学近代中国研究中心永芳堂 2　水粉
Zhongshan University Modern China Research Center-Yongfangtang 2
1992

设计与绘图 1　水粉
Design and Rendering 1
1992

设计与绘图 2　水粉
Design and Rendering 2
1992

1993年策划和编辑《老房子》丛书并撰写第一集《江南水乡民居》。
著《建筑的革命》，1999年出版，本书对中国建筑进行了反思与探索。
该书广受读者欢迎，2004年再版。

《老房子》丛书
Old House
1993

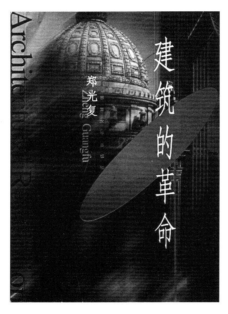

《建筑的革命》第1版
Architectural Revolution
1999

《建筑的革命》第2版
Architectural Revolution
2004

江苏武进煤矿机器配件厂招待所别墅　水粉
Jiangsu Wujin Mine Machine Parts Factory-Guest House Villa
1992

昆明海埂风景区高级别墅1　水粉
Kunming Haigeng Scenic High-end Villa 1
1992

昆明海埂风景区高级别墅 2　水粉
Kunming Haigeng Scenic High-end Villa 2
1992

中国银行潍坊支行　水粉
Bank of China Weifang Branch
1994

南京兴鸣大厦　水粉
Nanjing Xingming Building
1993

郑光复建筑作品选
Zheng Guangfu Architecture Selected Works

上海宝山银都宾馆接待厅　水粉
Shanghai Baoshan Yindu Hotel Reception Hall
1994

上海宝山银都宾馆大堂　水粉
Shanghai Baoshan Yindu Hotel Lobby
1994

上海宝山银都宾馆宴会厅　水粉
Shanghai Baoshan Yindu Hotel Banquet Hall
1994

上海宝山银都宾馆中心大厅　水粉
Shanghai Baoshan Yindu Hotel Center Hall
1994

伊斯兰大厦室内设计——大堂　水粉
Islamic Building Interior Design-Lobby
1992

伊斯兰大厦室内设计——中餐厅　水粉
Islamic Building Interior Design-Chinese Restaurant
1992

上海宝山银都宾馆咖啡厅，多功能厅　水粉
Shanghai Baoshan Yindu Hotel Cafe & Multi-function Hall
1994

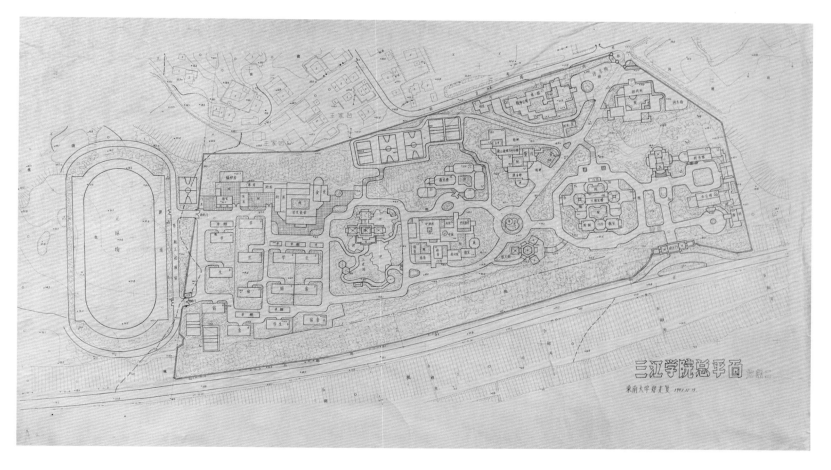

作者退休后致力于三江学院及建筑系的办学，并首任建筑系系主任。1992 年，全国最早的民办大学南京三江学院成立，1993 年开始招收新生。为支持建筑系图书资料室的建立，作者捐献专业书刊，并将三江学院 1996 年所发工资全部捐出，作为建筑系贫困优秀学生的部分奖学金。

南京三江学院总平面
Nanjing Sanjiang University Master Plan
1997

南京紫金山天文台"家炳山庄"　水彩
Nanjing Zijin Mountain Observatory-Jiabing Villa
1995

福州青云山鸿雁山庄　水粉
Fuzhou Qingyunshan Swan Villa
1993

南京天安大厦　水粉

Nanjing Tian'an Building

1998.12

建成项目。

作者自 1970 年代从事庐山风景区的规划与设计以来，对中国各地的旅游风景区的策划、规划、设计等多有研究与实践，对不同地区的园林与建筑，运用不同的风格，充分结合当地自然环境和人文景观、历史与文脉特点进行建筑创作。在前后十多年的山东泰山风景区的园林设计中，采用与南方的空灵精巧园林风格完全不同的设计，以展现泰山园林建筑风格。

山东泰山园林观景亭　碳笔水彩
Shandong Tai Mountain Landscape Viewing Pavilion
1999

山东泰山园林鹂鸣青云　水粉
Shandong Tai Mountain Landscape Oriole Crow Blue Sky
1999

山东泰山园林霜叶胜花　水粉
Shandong Tai Mountain Landscape Frost Leaves Better Flower
1999

尝试设计创新，多种设计方案中的几个。

山东泰山园林芳花雨1　水粉
Shandong Tai Mountain Landscape Fanghuayu Pavilion 1
2001

山东泰山园林芳花雨 2　水粉
Shandong Tai Mountain Landscape Fanghuayu Pavilion 2
2001

山东泰安市政府大厦　水粉

Shandong Tai'an City Hall Building

2000

广州中岱国际大酒店　水粉
Guangzhou Zhongdai International Hotel
2003

广州中岱国际品牌中心 1　水粉
Guangzhou Zhongdai International Brand Center 1
2003

郑光复建筑作品选
Zheng Guangfu Architecture Selected Works

广州中岱国际品牌中心 2　水粉
Guangzhou Zhongdai International Brand Center 2
2003

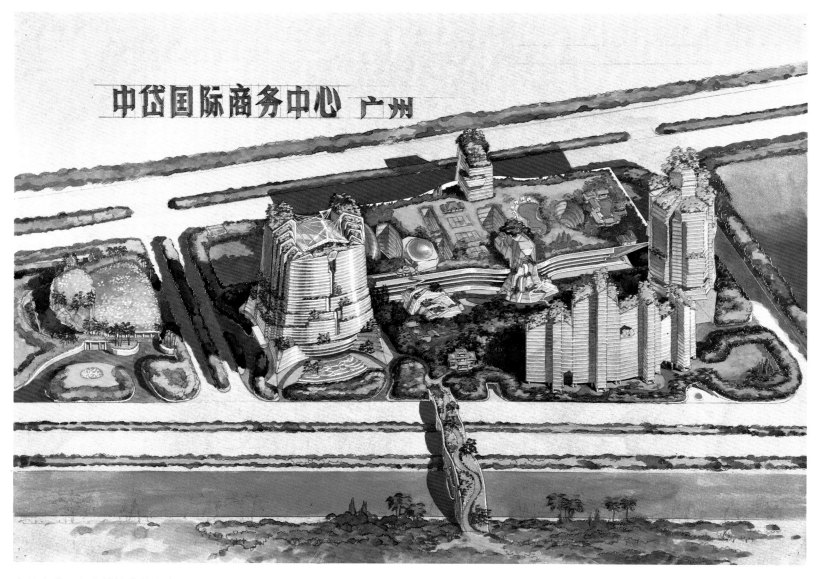

广州中岱国贸商城综合楼方案,甲方要求生态化与独创性。

广州中岱国际商务中心鸟瞰　水粉
Guangzhou Zhongdai International Business Center-Bird's Eye View
2003

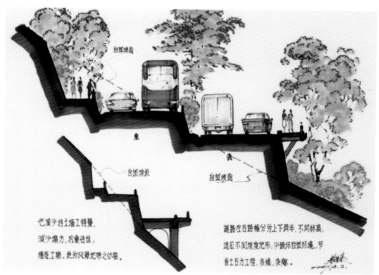

龙胜县城桑江北区设计 效果图、手绘图
Longsheng County Sangjiang North Area Design
2004

广西龙胜是仅一万人口的少数民族聚居山区县镇，县城位于山谷中桑江南岸，规划开发江北，利用山坡地形，划区分流，以经济、功能、环境甚至文化保护全盘综合设计。龙胜桑江北区的详规中，永久性整体保护利用三个古村寨，作为民族文化历史"酵母"，"酵母"发酵扩散形成村、区、县、城镇的文化特色。整修的再生古寨，并入步行旅游区，利用民俗、土产、农家乐等使原村民原地就业。

详规保留两个古寨屯和一个自然村，都安排在新区功能结构的有机组成中。东面一个古寨屯组织到休养与居住区的江滨，规划原住户改行为"农家乐"为主的乡村旅游、饮食等第三产业。西面一个古寨屯组织在手工业、农贸及花市功能区团中，规划原住户向市场代销、制造等职业转变。一个自然村紧邻拟新建的步行民族文化商业街，规划在自然村中新建古石板路或乱石路，使原来农舍变成沿巷小店，原住户就地经营餐饮或土物产店。三者都作为永久保护的古村寨，期待能成为旅游热点之一。

龙胜县城桑江北区详规　渲染图
Longsheng County Sangjiang North Area Detailed Planning
2004

综合总平面图
龙胜县城桑江北区详细规划（东区）

广西龙胜白龙桥南头花园式商住楼方案　效果图
Guangxi, Longsheng Bailong Bridge South Garden-style Commercial & Residential Design
2005

广西阳朔梦兰沁（吉米咖啡） 效果图
Guangxi,Yangshuo Menglanqin Cafe
2006

广西阳朔两酒店设计都新老相融和造价较低。农家乐小旅馆兼餐馆,融合当地山水田园的乡土气息。

广西阳朔李莎旅馆 1　建成照片
Guangxi, Yangshuo Lisha Hotel 1
2006

广西阳朔李莎旅馆2　效果图
Guangxi, Yangshuo Lisha Hotel 2
2006

泰山桃花峪桃花山庄　水粉
Tai Mountain Taohuayu Peach Villa
2004

泰山桃花峪桃花山庄山门1　水粉
Tai Mountain Taohuayu Peach Villa Entrance Gate 1
2004

泰山桃花峪桃花山庄山门 2　水粉
Tai Mountain Taohuayu Peach Villa Entrance Gate 2
2004

南京雨花台烈士陵园新花房与亭，全玻璃简化传统风格，符合景观设计要求，且造价低廉，使用10年来效果仍佳。

南京雨花台烈士陵园新花房1　水粉
Nanjing Yuhuatai Martyrs Cemetery New Green House 1
2001

南京雨花台烈士陵园新花房2　水粉
Nanjing Yuhuatai Martyrs Cemetery New Green House 2
2001

南京雨花台烈士陵园新花房 3　水粉
Nanjing Yuhuatai Martyrs Cemetery New Green House 3
2001

南京雨花台烈士陵园莲花亭　水粉
Nanjing Yuhuatai Martyrs Cemetery Lotus Pavilion
2001

浙江长兴大唐贡茶院鸟瞰　效果图
Zhejiang,Changxing Tang Dynasty Royal Tea Garden-Bird's Eye View
2005

浙江长兴大唐贡茶院为创造性仿古建筑，其设计历时 4 载，一、二期工程获建设部中国民族建筑研究会的设计金奖，并单独发一设计奖于作者。

2005 年建设方邀请北京、西安、上海、南京、杭州等多家全国顶级的古建筑设计单位竞标浙江长兴顾渚大唐贡茶院方案设计，经评委讨论，认为该方案概念与设计手法十分独特，有创造性的南方干栏式建筑特点，展示了南方唐风建筑的神韵，在传统上有所创新，尤其是陆羽阁造型特征显著，评委一致推选该方案。评审主席清华大学建筑系李道增院士充满激情地给予高度评价，并在临走时对业主说："这么多文本太重不便携带，我只要郑光复教授手绘的这一份。现在基本上都是用电脑制作的投标设计方案，很难看到如此精美的手绘文本了"。

设计特征：大唐贡茶院是佛寺兼管的手工作坊，虽皇室专用，有些皇家气派，却非寺非官非苑，位于山林幽谷之中，极具野趣。其文化特色应有江南、浙北、太湖风情，故符合河姆渡文化之干栏式以及良渚文化之台式两渊源。

作者一生勤奋，治学严谨，所有设计项目均是亲手绘制设计图、施工构造详图，即使在电脑时代的今天，也是先做手绘设计图和构造详图，再电脑复制。"我深感电脑很难准确描绘古典建筑，每条曲线找几个圆心还不能到位，众多各式卷宗，尤其琴面、海棠线脚等等微妙，难哉！何况有必要从再策划着手，规划、方案设计，到每一张施工图，包括每一节点大样，我必自己动手，以勤补拙也罢，精心负责也罢，全过程亲历亲为，然后请助手用电脑描绘成 CAD 图。在长兴贡茶院工程中出了两套图，其一是我手绘，并要求施工以我手绘为准，CAD 图备案，获建设单位赞同，效果也好。"

作者不仅自己亲手绘制施工图，而且对古建筑结构、构造细节深有研究，与结构工程师、工程队密切合作，并经常赴现场及时研究解决问题。该项目施工图合作单位为宁波中鼎建筑设计研究院。

浙江长兴大唐贡茶院吉祥寺大殿1　效果图
Zhejiang,Changxing Tang Dynasty Royal Tea Garden-Jixiang Temple Hall 1
2005

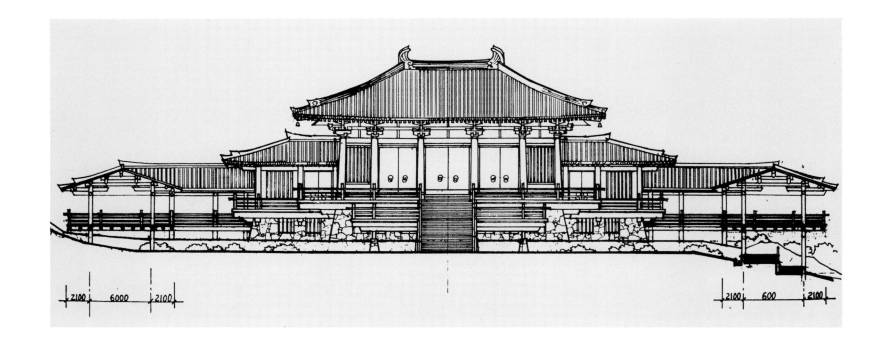

浙江长兴大唐贡茶院吉祥寺大殿立面图　手绘图
Zhejiang, Changxing Tang Dynasty Royal Tea Garden-Jixiang Temple Elevation
2005

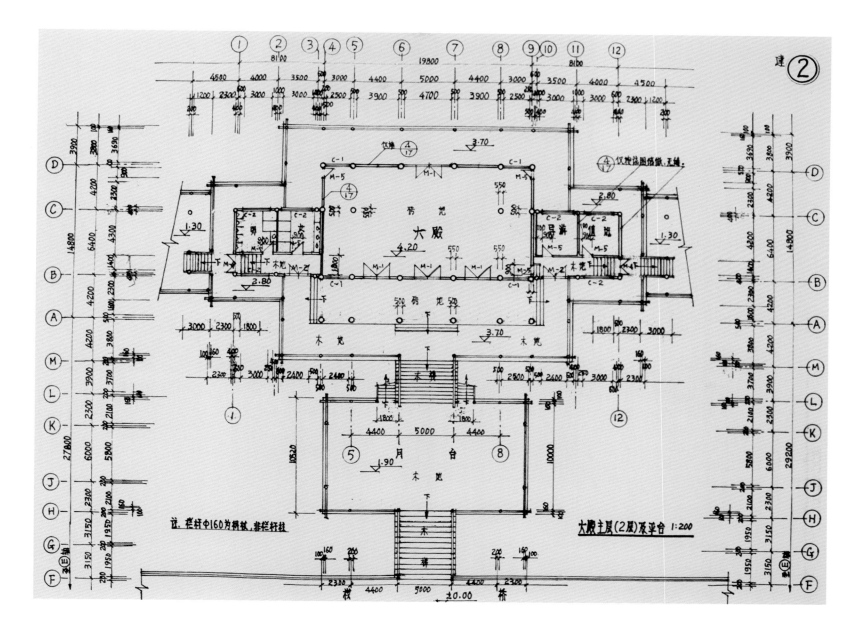

浙江长兴大唐贡茶院吉祥寺大殿平面图　手绘图
Zhejiang, Changxing Tang Dynasty Royal Tea Garden-Jixiang Temple Hall Plan
2005

浙江长兴大唐贡茶院工程为规划、建筑、园林项目，涉及传统历史。作者花大量精力去图书馆、档案馆进行文史调研。工程项目各方都珍惜当地文化遗产、自然环境和人文环境，尊重知识、科学和设计，实施认真。

图为作者下工地，现场研究施工方案。

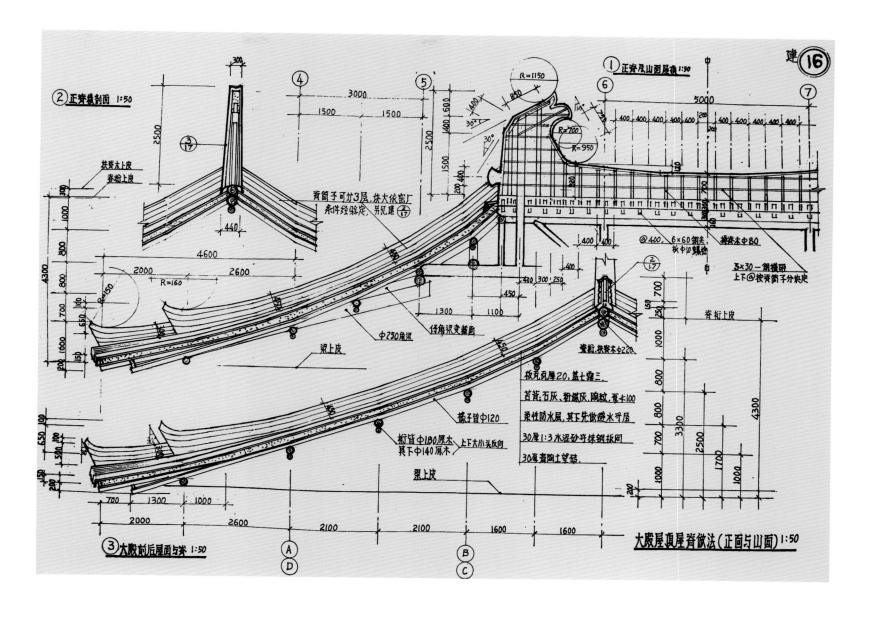

浙江长兴大唐贡茶院吉祥寺节点详图 手绘图
Zhejiang, Changxing Tang Dynasty Royal Tea Garden-Jixiang Temple Detail
2005

　　从该项目的总体规划、建筑单体，到局部细部，甚至构件构造，作者均当作学术研究的实践，全程参与设计与制作。

　　大殿为全木结构屋架，清水漆，露本色木纹，设防腐防火防水等功能。

浙江长兴大唐贡茶院吉祥寺大殿2　实景照片
Zhejiang,Changxing Tang Dynasty Royal Tea Garden-Jixiang Temple Hall 2
2005

郑光复建筑作品选
Zheng Guangfu Architecture Selected Works

浙江长兴大唐贡茶院吉祥寺侧廊　实景照片
Zhejiang,Changxing Tang Dynasty Royal Tea Garden-Jixiang Temple Aisle
2005

陆羽，著茶文化专著《茶经》，被后人尊为"茶圣"，祀为"茶神"，誉为"茶仙"。"陆羽阁"是整个建筑群的灵魂，也是总体平、立面布局的重心，其形制为阁。

因国内外经济环境影响，长兴县发改委2007年初就二期工程召开专家会议，建议缓建或取消陆羽阁，以节省开支。作者超越建筑学角度，真诚地站在对方的立场，从经济环境与发展上分析，引经据典，强调贡茶院对当地文化旅游在全国的定位作用，以及陆羽阁对贡茶院的灵魂点睛作用。两个多小时的发言，得到与会者的认同，最终领导和业主尊重知识和科学，决定保留陆羽阁，改变原议。

2009年11月浙江长兴顾渚大唐贡茶院完工，长兴陈故宫二期天居寺及陆羽阁基本完工。与往常一样，作者偕同夫人马光蓓女士亲赴现场验收。工程三期施工图出图交底完毕后，刚回南京，按工作计划再过一天要去长沙开全国学术会议并有专题报告，日程安排高效紧凑，自当壮年精力充沛，却于当日忽因病猝世。

浙江长兴大唐贡茶院陆羽阁 1　效果图
Zhejiang,Changxing Tang Dynasty Royal Tea Garden-Luyu Pavilion 1
2006

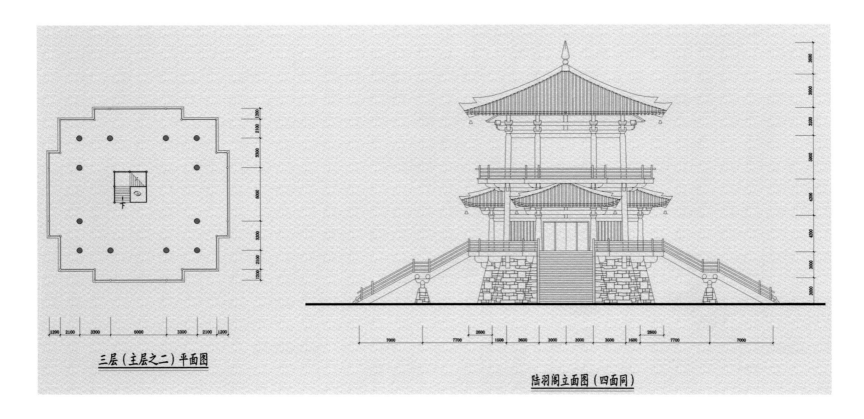

浙江长兴大唐贡茶院陆羽阁 2　手绘图
Zhejiang,Changxing Tang Dynasty Royal Tea Garden-Luyu Pavilion 2
2006

浙江长兴大唐贡茶院陆羽阁3 实景
Zhejiang,Changxing Tang Dynasty Royal Tea Garden-Luyu Pavilion 3
2008

浙江长兴大唐贡茶院作坊茶宴厅、诗茶楼　碳笔水彩
Zhejiang,Changxing Tang Dynasty Royal Tea Garden-Workshop, Tea-Party Hall, Poetry Tea
2003

浙江长兴大唐贡茶院三期　效果图
Zhejiang, Changxing Tang Dynasty Royal Tea Garden-Phase III
2005

浙江长兴大唐贡茶院原始野茶林谷口纪念亭　碳笔水彩
Zhejiang, Changxing Tang Dynasty Royal Tea Garden-The Original Wild Tea Forest Memorial Pavilion
2003

浙江长兴大唐贡茶院金沙泉纪念亭　碳笔水彩
Zhejiang, Changxing Tang Dynasty Royal Tea Garden-The Jinsha Spring Memorial Pavilion
2005

浙江长兴大唐贡茶院野茶轩　碳笔水彩
Zhejiang, Changxing Tang Dynasty Royal Tea Garden-Yechaxuan Pavilion
2005

浙江长兴大唐贡茶院清风阁　碳笔水彩
Zhejiang,Changxing Tang Dynasty Royal Tea Garden-Qingfengge Pavilion
2005

浙江长兴顾渚峰顶见远楼 1　效果图
Zhejiang,Changxing Guzhu Peak-Jianyuan Pavilion 1
2008

浙江长兴顾渚峰顶见远楼 2　效果图
Zhejiang, Changxing Guzhu Peak-Jianyuan Pavilion 2
2008

浙江长兴大唐贡茶院田园式小型住宅　水粉
Zhejiang Changxing Tang Dynasty Royal Tea Garden-Pastoral Small Housing
2003

陈故宫是南朝之末、陈代开国之君陈武帝故居。陈武帝名霸先，出身渔家。

总体布局：陈故宫用地地形、环境有诸多不利，经三次用地变化与规模缩减之后，规模最大者是天居寺，而不可擅为的是遗址，二者之间故居是总体的灵魂。深长的中轴线，以求皇家气魄。以中轴深远求壮观，多层次求丰富。格局以塔为主，另有一金堂、一讲堂及山门，即浮图寺形制，寺后北端东西两隅备一小院作方丈室、僧寮、斋堂。天居寺为南朝与隋、唐的佛寺格局，尊重历史，以广场统合三子项而集小成大，壮观门面。

陈故宫"舍宅为寺"，整个项目的殿堂、塔、廊及故居全用干栏式，金堂、山门、廊皆架水上。此寺创新之一是塔基，干栏式架空与石台基结合。大挑梁，以支撑比贡茶院陆羽阁更大的出檐。

浙江长兴陈故宫重建方案鸟瞰图　效果图
Zhejiang, Changxing Chen Dynasty Palace Rebuilding Design-Bird's Eye View
2008

浙江长兴陈故宫重建方案山门　效果图
Zhejiang, Changxing Chen Dynasty Palace Rebuilding Design-Gate
2008

浙江长兴陈故宫天居寺塔1　效果图
Zhejiang Changxing Chen Dynasty Palace-Tianju Temple Pagoda 1
2008

浙江长兴陈故宫天居寺塔 2 效果图
Zhejiang,Changxing Chen Dynasty Palace-Tianju Temple Pagoda 2
2008

浙江长兴陈故宫天居寺殿堂 效果图
Zhejiang Changxing Chen Dynasty Palace-Tianju Temple Hall
2008

风铎（即风铃）的小小研究却格外费心，有鉴于现在重建仿古殿堂，无风铎、新建塔角铎而不鸣，失去中国古建文化中一项天籁乐音之美。天居寺塔，专设计一只寿锢风铎，加大受风扇面，铎壁不开钉孔，锤与铎的连接有"万向轴"的功能。

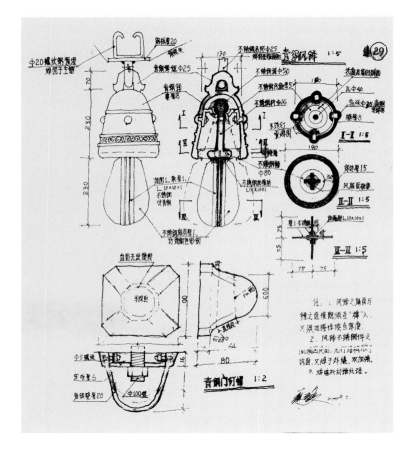

浙江长兴陈故宫天居寺塔屋角风铃构造详图　手绘图
Zhejiang,Changxing Chen Dynasty Palace Tianju Temple Pagoda-Wind Chime Details
2008

浙江长兴陈故宫天居寺塔基座层　实景照片
Zhejiang,Changxing Chen Dynasty Palace Tianju Temple Pagoda-Base
2011

郑光复建筑作品选
Zheng Guangfu Architecture Selected Works

浙江长兴陈故宫天居寺金堂　实景照片
Zhejiang,Changxing Chen Dynasty Palace-Tianju Temple Main Hall
2011

浙江长兴陈故宫天居寺长廊　实景照片
Zhejiang,Changxing Chen Dynasty Palace-Tianju Temple Main Hall Gallery
2011

浙江长兴陈故宫天居寺角楼　实景照片
Zhejiang,Changxing Chen Dynasty Palace-Tianju Temple Main Hall Corner Kiosk
2011

浙江长兴陈故宫长廊　实景照片
Zhejiang Changxing Chen Dynasty Palace-Gallery
2011

郑光复建筑作品选
Zheng Guangfu Architecture Selected Works

浙江长兴陈故宫天居寺塔　实景照片
Zhejiang, Changxing Chen Dynasty Palace-Tianju Temple Pagoda
2011

浙江长兴陈故宫重建方案故居大门　效果图
Zhejiang,Changxing Chen Dynasty Palace Rebuilding Design-Gate
2008

浙江长兴陈故宫重建方案中心厅堂　效果图
Zhejiang,Changxing Chen Dynasty Palace Rebuilding Design-Main Hall
2008

浙江长兴陈故宫重建方案陈氏祠堂大门　效果图
Zhejiang,Changxing Chen Dynasty Palace Rebuilding Design-Chen Ancestral Hall Gate
2008

陈故居为渔家民居，史载本为茅屋，故设计中于后院中心置一茅亭。其宅实为纵深一大院，中设大厅分隔前后院，前院较小，拟供南朝研究中心之类文物部门办公，以及文物部门接待等用。

环境设计特色为人工水面，结合绿化布局，重点是遗址保护。水景是"陈故宫"最重要的"天人合一"之美的体现，为天居寺景色的生命线；树林竹蔓等是本项目的环境特色，配合建筑小品，总体符合陈故宫"舍宅为寺"的历史。

浙江长兴陈故宫重建方案故居草亭　效果图
Zhejiang,Changxing Chen Dynasty Palace Rebuilding Design-Straw Kiosk
2008

浙江湖州陆羽故居"茶圣园"又称"青塘别业"。设计要求以创新性复古重建唐式江南田园式园林。茶圣陆羽为世界文化名士，在茶文化中高居峰巅，其著《茶经》将自然科学与人文科学合成一科。

设计再现当年陆羽生活情景、生活方式、格调、情趣。故居与田园式的园林结合，互得益彰。建筑故居采用乡土材料，用木结构。

浙江湖州陆羽故居清塘别业方案封面
Zhejiang,Huzhou Luyu Former House,Clear Pond Villa-Design Cover

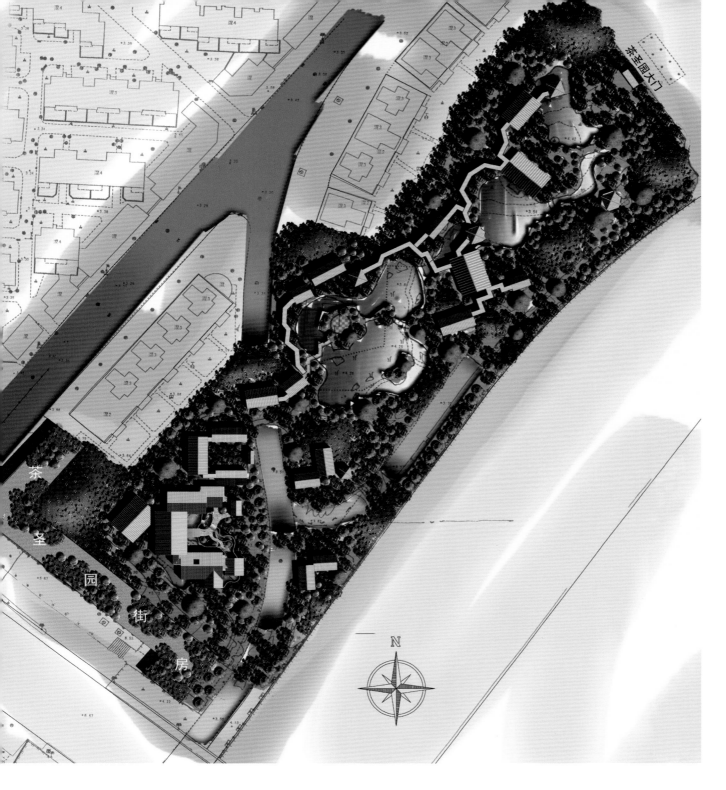

浙江湖州陆羽故居清塘别业方案总平面 效果图
Zhejiang, Huzhou Luyu Former House, Clear Pond Villa-Master Plan
2007

浙江湖州陆羽故居清塘别业方案鸟瞰　效果图
Zhejiang,Huzhou Luyu Former House,Clear Pond Villa-Bird's Eye View
2007

浙江湖州陆羽故居清塘别业方案水院　效果图
Zhejiang,Huzhou Luyu Former House,Clear Pond Villa-Water Courtyard
2007

浙江长兴归有光亭　效果图
Zhejiang, Changxing Guiyouguang Pavilion
2008

郑光复建筑作品选
Zheng Guangfu Architecture Selected Works

浙江长兴吴承恩亭　效果图
Zhejiang,Changxing Wucheng'en Pavilion
2008

浙江长兴石文化公园"石颂"亭
效果图

Zhejiang, Changxing Stone Park-Stone Carol Pavilion
2006

浙江长兴石文化公园"石魂"亭　效果图
Zhejiang,Changxing Stone Park-Stone Soul Pavilion
2006

重庆瓜棚书院　效果图
Chongqing Guapeng Book House
2009

后记
Postscript

  世事总有缘。《郑光复建筑作品选》自2009年年底开始策划，由笔者历时4载，耗用大量时间和精力整理而成。该书收集、整理了郑光复教授自1950年至2009年留存的部分建筑设计及绘画作品，这部著作是郑光复教授自1950年代参与北京十大国庆工程，并受到国家领导人毛主席、周总理等接见和勉励、支持，至多年来获得多项奖项（如浙江长兴大唐贡茶院古建筑群获2008年中国民族建筑研究会设计金奖等），在东南大学建筑学院与各项目单位等方面的关怀下，在社会历尽本分的努力中，在其专业所长范围内，给人类文明进步留下相关成果的一部分，也是他几十年敬业、勤奋，回报国家、社会、单位与大众的点滴缩影。

  业贵于精。这部《郑光复建筑作品选》主要体现郑光复教授几十年精心于大自然名胜美景艺术与建筑设计、建筑工程、建筑艺术的高度融合及对经久传世的世界著名建筑艺术所包含的科学艺术观等的研究与实践，这也是郑光复教授自幼酷爱绘画艺术与建筑艺术等独具匠心的、难能可贵之智慧结晶所在。相信这部作品和与之后即将整理出版的理论学术文集会受到广大绘画艺术和建筑艺术等爱好者、工作者和研究者的喜好和鉴赏。

  吃水不忘挖井人。这部《郑光复建筑作品选》的完成和出版，得到了郑光复教授所在的东南大学建筑学院、项目单位和东南大学出版社及社会多方面人士的关心与支持，特此深表感谢！

  衷心感谢郑光复教授学习和工作的各学校、各项目单位、各邀聘单位领导与同仁的大力支持与关心！

  诚挚感谢东南大学建筑学院钟训正院士，建筑设计与理论研究中心主任程泰宁院士，东南大学建筑学院院长王建国教授，深圳大学饶小军教授，东南大学建筑学院唐厚炽教授、王静教授、赖自力老师等学者、领导与同仁的各种支持与鼓励！

  衷心感谢清华大学的二弟郑光中教授及亲朋好友的关心和支持！

  在此，也为儿女们的不辞辛苦与尽孝而欣慰与自勉！

  人非完人。鉴于水平所限，作品中的不尽如人意或谬误等在所难免，敬请各方斧正。余言容当后补。

马光蓓

2013年5月16日于南京

注：马光蓓为郑光复教授夫人。

图书在版编目（CIP）数据

郑光复建筑作品选 / 郑光复著；马光蓓汇编. -- 南京：东南大学出版社，2013.11
 ISBN 978-7-5641-4440-1

Ⅰ. ①郑… Ⅱ. ①郑… ②马… Ⅲ. ①建筑设计—作品集—中国—现代②建筑画—作品集—中国—现代Ⅳ. ①TU2

中国版本图书馆CIP数据核字（2013）第180125号

书　　名	郑光复建筑作品选
出版发行	东南大学出版社
社　　址	南京四牌楼2号（邮编 210096）
出 版 人	江建中
网　　址	http://www.seupress.com
电子邮箱	press@seupress.com
责任编辑	魏晓平　戴　丽
责任印制	张文礼
经　　销	全面各地新华书店
印　　刷	利丰雅高印刷（深圳）有限公司
开　　本	787mm×1092mm 1/12
印　　张	21
字　　数	350千
版　　次	2013年11月第 1 版
印　　次	2013年11月第 1 次印刷
书　　号	ISBN 978-7-5641-4440-1
定　　价	198.00元

本社图书若有印装质量问题，请直接与营销部联系，电话：025-83791830。